鸣　谢

国家自然科学基金项目：

新型围桩-土耦合式抗滑桩的作用机理及其计算方法研究
（51068006）

干湿循环条件下煤系土强度特性及边坡致灾风险分析
（51568022）

江西省自然科学基金重点项目：

基于高铁路基蠕滑特征的新型耦合抗滑结构研究
（20202ACB202005）

江西省高等学校科技落地计划项目：

运营高速公路岩溶路基病害防治关键技术研究（KJLD13036）

华东交通大学出版基金资助

新型围桩-土耦合式抗滑结构研究

郑明新　雷金波　胡国平　刘伟宏　孙书伟　著

西南交通大学出版社

·成　都·

图书在版编目（CIP）数据

新型围桩-土耦合式抗滑结构研究 / 郑明新等著. —
成都：西南交通大学出版社，2022.3
ISBN 978-7-5643-8617-7

Ⅰ. ①新… Ⅱ. ①郑… Ⅲ. ①抗滑桩－结构设计－研
究 Ⅳ. ①TU473

中国版本图书馆 CIP 数据核字（2022）第 035850 号

Xinxing Weizhuang-tu Ouheshi Kanghua Jiegou Yanjiu
新型围桩-土耦合式抗滑结构研究

郑明新　　雷金波　　胡国平　　刘伟宏　　孙书伟　　**著**

责任编辑	姜锡伟
封面设计	曹天擎

出版发行	西南交通大学出版社
	（四川省成都市金牛区二环路北一段 111 号
	西南交通大学创新大厦 21 楼）
邮政编码	610031
发行部电话	028-87600564　　028-87600533
网址	http://www.xnjdcbs.com
印刷	成都勤德印务有限公司

成品尺寸	185 mm×260 mm
印张	15.5
字数	349 千
版次	2022 年 3 月第 1 版
印次	2022 年 3 月第 1 次
书号	ISBN 978-7-5643-8617-7
定价	75.00 元

内容简介

本书共分两个部分。第一部分针对传统抗滑桩缺陷提出"围桩-土耦合式抗滑桩"及其计算方法；第二部分针对高速铁路路基蠕滑机理和空间特征及治理后变形"零位移"要求，在耦合式抗滑桩基础上提出"拱弦式耦合抗滑结构"。

第一部分针对传统抗滑桩在滑坡治理过程中不能充分发挥岩土体的自身强度，往往出现设计过于保守的问题，提出一种能够充分发挥土体自身强度的围桩-土耦合式抗滑结构。首先，从结构平面布置出发，通过分析对比各种组合形式下的结构抗弯刚度，得出较为合理的围桩组合；再结合土拱理论和绕流阻力法，确定结构内各围桩的桩间距；并基于围桩之间存在小土拱的假定，引入耦合结构影响直径概念来评价结构的耦合效应。其次，开展模型试验和数值模拟，通过对比分析围桩-土的位移和围桩间的土拱效应，揭示耦合式抗滑桩工作机理并确定围桩最佳桩间距和平面布置形式。最后，以影响直径作为耦合结构的计算宽度，将耦合体作为整体推导了内力计算公式，给出了耦合结构内部各围桩与土体的内力分配模式，率先提出了该耦合结构的设计计算理论与方法；通过工程算例证明该耦合结构可行，可为中型滑坡治理提供使用条件和设计参数。

第二部分在围桩-土耦合式抗滑桩研究基础上，针对某高速铁路路基蠕滑机理和蠕滑体空间特征及工后路基变形要求，提出一种既不影响行车又可使路堤加固后微变形的"拱弦式耦合抗滑结构"；通过多种工况试验分析验证新型耦合结构的力学特性并确定抗滑结构的最优布桩形式；采用数值模拟探讨了结构耦合效果的影响因素与规律，揭示了新型结构耦合效应的形成机制；基于桩-土效应对结构耦合特性的影响，提出了新型拱弦式耦合抗滑结构的理论计算方法，并将新型耦合抗滑结构应用于蠕滑路基整治中，验证了该结构在列车动力等作用下的加固效果。

本书是作者从事新型抗滑结构多年研究成果的总结，包含了围桩-土耦合式抗滑结构的构思、桩-土耦合效应的理论分析、模型试验、数值模拟和新型结构理论计算方法。

本书可为铁道、公路交通、水利、地矿、建筑等部门的工程技术人员和研究人员提供参考，也可作为高等院校岩土工程、工程地质、铁道工程等专业大学生和研究生的参考用书。

前　言

多年来，滑坡给我国国民经济和人民生命财产造成了巨大损失，虽然治住了数以千计的滑坡，但却花费了巨资，为此作者曾开展了为期多年的"滑坡防治工程效果评价方法及评价标准研究"；在研究过程中，作者深感传统抗滑桩在滑坡治理中不能充分发挥岩土体的自身强度，多数设计往往过于保守，为此，提出一种够充分发挥土体自身强度的围桩-土耦合式抗滑结构极有必要。该结构的特点是：① 围桩-土耦合提高了围桩的抗弯强度，其抗剪、抗弯强度无疑是其他等效直径大桩所不及的。② 通过注浆使围桩-土形成一个整体结构。③ 围桩-土耦合产生土拱效应并在顶部刚性连接形成耦合结构，既能调动岩土体强度又不影响排水。④ 布桩形式灵活并可施工机械化、迅速安全，综合经济效益高。

高速铁路的发展对路基蠕滑病害治理提出了更高的环境要求和工后微变形要求，基于某高速铁路路基蠕滑机理和空间特征，我们提出一种既不影响行车又可使路堤加固后满足微变形要求的"拱弦式耦合抗滑结构"。滑坡防治新型结构研究涉及滑坡工程地质、工程结构分析、现场测试、数值模拟、理论计算分析等领域，需要将传统地质理论、结构设计理论与现代系统理论相结合，是滑坡防治研究的进一步深化，其难度较大，但又是实际工程迫切需要开展的一个应用基础理论前沿。可以说，开展滑坡防治新型结构研究本身就是创新，其研究不仅具有较高的学术理论价值，还具有优化滑坡防治设计的实际应用价值。正是基于这一点，本书从工程地质观点出发，将滑坡性质与防治工程结构相结合，通过测试与模型试验、数值模拟与理论计算相结合，提出了围桩-土耦合新型抗滑结构及其相应的设计计算方法。

本书是根据课题组从事的国家自然科学基金项目"新型围桩 - 土耦合式抗滑桩的作用机理及其计算方法研究（51068006）""干湿循环条件下煤系土强度特性及边坡致灾风险分析（51568022）"及江西省自然科学基金重点项目"基于高铁路基蠕滑特征的新型耦合抗滑结构研究（20202ACB202005）"等项目的科研成果。参与本书编撰的还有南昌航空大学雷金波教授、河南城建学院胡国平讲师（2019年毕业于华东交通大学，获博士学位）、江苏工程职业技术学院刘伟宏讲师（2012年毕业于华东交通大学，获硕士学位）、中国矿业大学（北京）孙书伟教授。本书的出版若能对同行起到抛砖引玉的作用，则是作者衷心希望的。由于许多问题尚在探索之中，书中难免出现一些问题甚至错误，衷心欢迎来自各个方面的批评和指导。

本书在编写过程中得到了著名滑坡防治专家王恭先研究员、殷宗泽教授、王兰生教授、王全才研究员的热心支持和指导，在此表示诚挚的感谢！文中引用了许多国内外学者的文献和资料，在此不能一一列出，谨表衷心感谢！

还要感谢华东交通大学的各级领导和同仁给予本人的大力支持和关怀，感谢徐典博士、郭楷博士、李培植硕士和孔祥营硕士等人在读期间的辛勤工作和大力支持。校核由刘棉玲女士完成。再次对所有付出辛勤劳动及给予协助的同志致以衷心的感谢！

作者 郑明新

2021 年 2 月于南昌

目　录

第1篇　围桩-土耦合式抗滑桩工作机理与设计方法研究

第 2 篇　基于高铁路基蠕滑特性的拱弦式耦合抗滑结构研究

第 1 篇

围桩-土耦合式抗滑桩
工作机理与设计方法研究

第1章 绪 论

1.1 耦合式抗滑结构的提出

我国是一个多山国家，地质条件复杂，滑坡灾害尤为严重，在过去多年中虽然治住了数以千计的滑坡，但却花费了巨资。每年我国施工的抗滑桩超过上万根，投资达数亿元[1]。固然，目前工程实践中多数滑坡防治是有效的、成功的，但抗滑结构未能充分发挥其最大抗滑能力，尤其是不能发挥岩土体的自身强度；加之耗资巨大并且抗滑桩多为人工在地面以下几十米深处作业，抗滑工程存在施工效率低又不安全等问题。随着机械化的发展，需要研究既能发挥岩土体的自身强度，又能降低滑坡治理成本，还可机械化施工的新方法、新工艺。为此，笔者提出一种可将桩和土作为一个整体来实现对滑坡治理的新理念，即一种新型小直径桩-土耦合式抗滑结构。

这里的小直径桩-土耦合式抗滑结构是指采用钻孔桩（直径 350～600 mm）5～6根与桩间岩土体共同耦合成正五边形或正六边形的柱体，并将其顶部用刚性连系梁牢固连接形成的一个超静定框架抗滑结构。它侧重于对地质体的改造和与地质体的有利组合，既不同于微型排桩具有较高的抗弯刚度和抗剪强度，也不同于人工挖孔钢筋混凝土桩那么大，姑且称之为围桩-土耦合式抗滑桩。目前，对于这种新型围桩-土耦合式抗滑桩人们尚未真正开展研究，因此很有必要探讨并提出一套值得推广应用的使用条件及计算方法。预计其应用可使每处中型滑坡防治费用减少 30%～40%，同时可促进施工的机械化程度，促使滑坡防治安全、经济、合理，预计将产生较大的社会效益和经济效益。

随着我国公路、铁路等交通基础设施建设速度进一步加快，势必会遇到很多滑坡灾害，寻求一种与滑坡治理工程实际情况相符合，特别是能够充分考虑与滑坡岩土体相互作用机理的抗滑结构，对于安全、经济、合理地使用抗滑结构显得极为重要。事实上，桩土之间会相互影响，桩因有土体的刚度参加，变形要比预期略为减少，土因为桩体变形而引起土压力改变。如果真正能够将桩-土间相互影响充分考虑到设计计算中，把桩-土看成一个共同的"整体"，即一种新型围桩-土耦合式抗滑结构，就可以充分利用桩土之间的共同作用，使得结构在岩土体滑动力作用下，能够调动超过整个耦合结构范围外相当大一部分土体的抗力来共同抗滑。这无疑在一定程度上发挥了桩-土作用效应，是其他许多被动支挡结构物所不及的。

滑坡防治工程设置抗滑结构时，通过设置合理结构间距，在一定条件下可使结构间土体形成土拱来阻止桩后土体从桩间流出，进而起到抗滑作用。土拱的形成与否，决定着抗滑结构的效能是否得以充分发挥。郑明新[2]、徐典[3] 和刘伟宏[4]等针对围桩-土耦合式抗滑桩从 2006 年以来已经开展了一定的研究，充分考虑了桩土的共同效应，进一步揭示了围桩-土耦合抗滑结构的工作机理，实现了抗滑结构的合理优化，可以进一步降低工程成本，为抗滑新结构治理中型滑坡奠定了良好基础。该结构侧重于对地质体的改造和岩土体的有机组合，与普通抗滑桩及一般"微型桩群"有实质性的区别。其特点是：

（1）围桩-土耦合提高了围桩的抗弯强度。从理论上讲，6 根围桩用刚性系梁耦合的抗弯强度足以超过以 6 根围桩直径之和为直径的大桩的强度，若再加上与其耦合的岩土体强度，其抗剪、抗弯强度无疑是相等直径的大桩所不及的。

（2）通过压力注浆等使水泥浆体与岩土体相互充填、挤密，通过固化方式加固围桩周围岩土体、滑动带及滑床岩土体，使围桩及其周围的岩土体共同形成一个耦合结构，可以承受很大的剪切力与弯矩。

（3）围桩之间与土形成土拱效应构成了耦合结构，所围土体既不挤出也不挤入，围桩-土及刚性连系梁形成一种耦合的新结构，这样既充分调动了岩土体强度又能排出地下水，提高了滑坡防治效果。

（4）布桩形式灵活。平面形状可成排或网状布置，也可单独使用或施加预应力锚索；施工机械化程度高、迅速安全，安装搬迁和成孔均很快捷。每个耦合桩的空间布置受限较少，与地质环境和生态环境易于协调，综合经济效益高。

1.2 国内外研究现状

1.2.1 抗滑结构的发展

国外于 19 世纪中叶就开始对滑坡灾害的防治进行了研究，但当时人们对滑坡的性质和发展变化规律认识不深；20 世纪 50 年代以前，主要以地表和地下排水工程等治理滑坡，抗滑支挡结构主要为挡土墙；60—70 年代，在采用排水方式和抗滑挡土墙为主的同时，开发应用了抗滑桩，解决了抗滑挡土墙施工中的困难，小口径抗滑桩也开始在工程中使用；80 年代以来，开始使用大直径挖孔抗滑桩来治理大型滑坡，同时锚索技术与抗滑桩联合使用形成的锚拉式抗滑桩也开始得到大量使用。

国内于 20 世纪 50 年代开始对滑坡灾害进行系统研究和治理，通过学习苏联经验，优先考虑采用地表和地下排水等工程措施治理滑坡，并修建各种重力式挡土墙来治理大型滑坡，但常遇到挡墙基础开挖困难等施工问题。60 年代中期，在成昆铁路甘洛车站 2 号滑坡中首次采用大截面挖孔钢筋混凝土抗滑桩来加固稳定滑坡体，全面考虑构件的抗弯、抗剪等性能，为滑坡整治提供了切实可行的新方案。抗滑桩凭借着自身抗滑能力强、破坏滑坡体稳定少、施工方便等优点，很快在铁路系统内、外滑坡治理工程中得到广泛应用并不断创新，在大、中型滑坡治理工程中几乎取代了挡土墙。70—80 年代，抗滑结构由一般抗滑排桩发展到∏形刚架排桩、h 形排架抗滑桩和预应力锚索抗滑桩等，各种新形式的出现，进一步优化了抗滑结构的受力状态。

目前，国内在一般的抗滑桩工程设计中，常常采用弹性地基梁处理，假定桩身任一点处岩土体的抗力与该点位移成正比。具体解法可分为三种：第一种是直接用数学方法求解在承受荷载后的弹性挠曲微分方程，一般将滑动面以上桩段（受荷段）视为悬臂梁，滑动面以下（锚固段）视为弹性地基梁，根据对地基系数的假定不同，该法可分为 k 法、m 法、c 法、m-k 法、双参数法等，用于计算桩身内力和位移。第二种是将桩分成有限个单元的离散体，再根据力的平衡和位移协调方程来求解桩的各部分内力和位移。第三种是采用有限差分法，将桩划分成有限段，用差分格式近似代替桩的挠曲线微分方程中的各种导数式来求解。

1.2.2　传统抗滑桩研究

传统抗滑桩不同于桥梁工程的桩基，属于水平受荷桩中的被动桩范畴，即桩周土体在自重及外荷载作用下产生水平运动，使得桩身受到力和位移的作用。桩土相互机理研究主要考虑以下两个方面：一方面侧重于桩间与滑坡体的相互作用，抗滑桩在实际施工中，一般采用挖孔灌注桩的形式，即先进行挖孔，再放置钢筋笼，然后浇筑混凝土，在成桩过程中，混凝土浆体必然会向桩周围岩土体中渗透，使桩周一定范围内岩土体强度提高。加之桩孔壁相对比较粗糙，与滑坡土体之间的咬合更加紧密，在滑坡推力作用下，抗滑桩可以调动超过桩宽相当大范围的岩土体的抗力，与之共同抗滑。因此，抗滑桩凭借与桩周土体共同作用，将滑坡推力传递到稳定地层，充分利用稳定地层的锚固作用和被动抗力来平衡滑坡推力，通常采用弹性地基梁模型进行计算。另一方面侧重于桩后与滑坡体的相互作用，在外荷载作用下，滑坡推力以各种可能形式作用于抗滑桩后。而滑坡推力的大小和分布，将直接影响抗滑桩的设计。近年来，国内外众多学者认为，在滑坡推力作用下，滑动面以上的抗滑桩与土体，由于桩土之间的变形差能够形成不同程度的土拱效应，充分利用土拱理论来研究桩土之间的相互作用更为普遍。

Tomio Ito 等[5-7]从塑性变形理论出发，分析单排桩受力特征，同时考虑桩径、桩间距和土体参数对桩侧压力的影响，给出了滑动土体产生的极限侧压力计算公式。沈珠江[8-9]较为完整地总结了抗滑桩极限设计方法，主要包括岩土体整体滑动、岩土体绕桩滑动及毁桩滑动验算。李国豪[10]将桩土相互作用关系采用弹性地基梁模拟，采用于解析方法研究被动桩受力特性，由于将土体视为弹性土来处理，因此该方法一般适用于岩土体发生小变形的情况。励国良[11-12]给出一个系统允许的桩土整体位移，结合桩体在滑动面处的受力平衡，进行桩的内力计算及相应的地基反力计算。张友良等[13]针对多排抗滑桩与滑坡体之间的相互作用关系，采用有限元法计算得出抗滑桩上的内力、位移及抗滑桩对滑动面以上桩前土体的作用力、滑面以下的土体变形及土体的抗力，再结合传统的极限平衡法，将抗滑桩作为一个特殊的分条，根据传递系数法计算出剩余下滑力，进一步确定边坡加固的稳定性。杨旌等[14]结合水平受荷桩试桩试验，认为在水平推力作用下，因摩擦阻力存在，桩侧一部分土体参与桩土共同作用，其影响范围为向桩两侧各影响至 30°，桩前影响至 1 倍桩高。陶波等[15]研究抗滑桩与滑坡岩土体相互作用关系时引入侧向膨胀力和等效锚固力两个概念，通过有限元法分析得出桩土之间的相互作用力为非线性的，土体的变形模量对侧向膨胀力的影响显著。刘小丽[16]认为桩土之间的相对位移是影响滑坡推力大小和分布的主要因素，滑面以上的滑坡推力大小与分布是动态变化的，可采用地基反力法建立桩土相互作用的位移模型，以充分考虑桩体的变形、桩周土体的变形而不断调整分布图式。刘静[17]基于桩土相互作用下的综合刚度原理与双参数法，得出刚性抗滑桩内力和位移计算公式，并分析受荷段位移有限差分方程和不同桩底条件下的锚固段差分方程，同时采用三维数值分析讨论了桩后土拱效应机理，认为多排微型钢管桩加固边坡宏观上可视为桩土复合体。

土拱效应[18-19]于 1884 年由英国科学家 Roberts 首次发现，当时称为粮仓效应，是粮仓底面所承受的力在粮食堆到一定程度后达到最大值而保持不变的状态。1895 年，德国工程师 Janssen 采用连续介质模型对其进行了解释。1943 年，太沙基通过著名活动门试验验证了土拱现象的存在，并得出土拱效应存在的条件：土体之间产生相对位移或变形，拱脚必须存在。1985 年，Handy[20]首次提出土拱形状为近似于悬链线的主应力流线。此后，在岩土工程领域，通过模型试验、理论分析、数值分析等手段来研究该效应的越来越多。而针对边坡工程中的传统抗滑桩间土，人们在很大程度上认为抗滑桩本身作为土拱的拱脚，设桩处与桩间的土体在滑坡推力作用下，存在土体之间的相对位移，满足太沙基的土拱效应存在的基本条件，会出现土拱效应。而土拱效应的形成在很大程度上取决于抗滑桩桩间距，沈珠江[8]认为在岩土体参数一定时，若桩间距过大，则桩间土体会产生绕流桩体现象而出现滑动，从而抗滑桩因桩间土体的滑动，失去了真正的抗滑加固作用。因此，从土拱效应出发来研究桩土之间的相互作用，很大程度上体现在设置合理的桩间距上，以使成排抗滑桩能与桩间土体共同抗滑。

肖世卫等[21]根据塑性极限分析中的上限方法，将桩土作用视为空间问题，求得抗滑桩极限承载力与桩间距的关系式，并结合算例得出单排抗滑桩合理的桩间距。郑学鑫[22]采用理论和数值分析方法，讨论了黏性土与无黏性土中的抗滑桩桩间的土拱形成机理，认为当条件合适时，由于土体的黏聚力和摩阻力存在，能够形成大主应力土拱，并根据土体强度和结构静力平衡建立了临界桩间距公式。王成华等[23]通过分析黏性土滑坡体设置矩形抗滑桩，通过受力过程分析，认为滑坡推力传递到土拱后，通过克服拱后的被动土压力和土拱本身沿滑动面的抗滑力，剩下的推力再沿土拱圈传递给抗滑桩，从而在桩侧面产生摩擦阻力，并建立了土拱破坏瞬间的最大桩间距控制式。冯君等[24]在抗滑桩间建立土拱平衡力系，在计算抗滑桩承受的水平推力时，运用普氏理论及王成华的力学平衡方程，得到了土拱完全发挥作用的临界桩间距公式。周德培等[25]从土拱形成机理出发，通过分析桩间土拱的静力平衡，对土拱跨中最不利截面的前缘作土体强度条件验算，综合三方面的控制条件确定较为合理的桩间距公式。贾海莉等[26]通过分析单排圆形抗滑桩加固边坡，认为土拱形式是抛物线，通过对土拱不利截面进行计算，对拱顶与拱脚分别建立土的强度准则，结合工程实例由拱脚截面计算出桩间距。王乾坤[27]通过分析桩间土拱的力学特性，从抛物线土拱的强度条件出发，认为跨中截面上点的土体受力极限平衡、桩间土拱体传递到桩前的岩土体的力不大于桩前滑体抗滑力和桩的绕流阻力之和共同控制桩间距。蒋良潍等[28]分析黏性土介质的土拱效应，充分利用合理拱轴线与受压极限破裂方位等几何特性，将土拱的力学平衡条件和强度条件综合，统一简化为以拱脚处拱圈轴向压应力简洁表达的形式，明确拱脚为最不利截面位置，依据莫尔-库仑强度准则推导出拱曲线与桩间距上、下限的简易计算式。赵明华等[29]通过引入桩间抛物线土拱，并假定土拱轴线起点切线倾角为 $\frac{\pi}{4}+\frac{\varphi}{2}$，综合考虑桩间土拱的力学平衡和土拱的强度条件建立桩间距计算式。赵明华等[30]考虑到边坡倾角的影响，认为抗滑桩之间呈斜拱效应，分别对土拱的水平方向和竖直方向进行力学条件分析和根据土拱强度条件建立平衡，进而确定水平方向土拱的桩间距控制式和竖直方向桩间距控制式，并取较小值作为桩间距的控制值，其结果更为合理。李邵军等[31]从土力学和弹性力学的基本理论出发，分析桩土之间的相互关系，根据桩在反力作用下会在桩后土体中产生附加应力的理论，将各桩任意点的应力进行叠加，并绘制出桩后各点的应力等值线。结果表明：存在 4 种不同形态的土拱曲线，并认为在滑坡推力作用下，先是由直接拱脚起作用，当土拱即将破坏时，才是摩擦拱脚和直接拱脚共同作用。同时他们提出：当桩间距大于桩宽的 5 倍时，土拱效应十分微弱；当桩间距为大于桩宽 2 倍时，在桩间距不变的情况下，桩宽减小，土拱效应不变。刘金龙等[32]通过非线性有限元法对比分析平行布置与梅花形布置的双排抗滑桩桩间土拱效应，表明梅花形布置时前后排桩均能产生土拱效应，平行布置时远离滑坡方向的前排桩土拱效应不明显。姚元锋等[33]根据桩间土拱原理设计土拱效应试验方案，经过试验得到土拱形状近似呈抛物线，桩间距在 2.5 ~ 4.0 倍桩宽时，能够出现土拱现象。

1.2.3 微型桩体系研究

微型桩又称树根桩，在 20 世纪 50 年代由意大利人 Lizzi 首次提出。Lizzi 认为微型桩径小于 300 mm，长细比很大，桩长一般不超过 30 m，起初主要用于地基加固工程，可通过强配筋方式，充分发挥微型桩的竖向承载特性。微型桩理论于 20 世纪 80 年代引入我国，主要用于建筑物地基加固、边坡工程和抢险工程中，进一步体现了微型桩的水平承载性状。近年来，在中小型滑坡治理和震后修复工程中，由于微型桩能够承受横向荷载的作用，各种微型抗滑结构得到了广泛应用。实际工程常以一定的方式排列形成微型桩群，并在桩顶采用连梁或顶板连接，进而形成各种形式的微型桩抗滑结构。

1.2.3.1 无连梁微型桩

无连梁微型桩是指在边坡加固工程中，在自然坡面一定范围内按一定间距布置多根微型桩，各根桩相互独立成单排或多排布置。无连梁微型桩一般桩间距较小，微型桩之间通过桩间岩土体来传递荷载，常常用于加固顺层岩质边坡，以充分发挥微型桩对滑动面处的抗剪增强作用。

冯君等[34]分析了微型桩体系加固顺层滑坡的体系，将微型桩体系与桩间岩土视为桩-土复合结构，能够有效地控制边坡的变形；并采用有限元建立桩-土-桩之间的相互作用模式，结合算例得到了很好的结果。

1.2.3.2 有连梁微型桩

由于无连梁微型桩大多是发挥抗剪作用，对于完整性较差的岩土或软弱岩土，为了进一步发挥微型桩的抗弯能力和抗剪能力，发挥整体优势，常在桩顶的纵向和横向加设连系梁，这种做法可在很大程度上减小群桩的位移，形成平面刚架和空间刚架结构的受力图式，如图 1-1 所示。

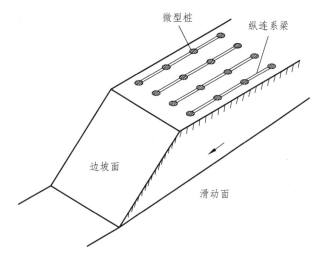

（a）纵向连梁的微型桩

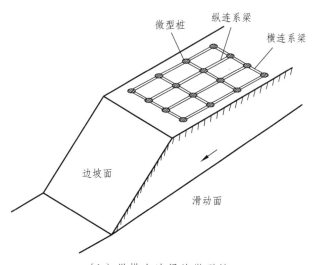

（b）纵横向连梁的微型桩

图 1-1 连梁微型桩

Amhest Mass 等[35]通过模型试验模拟微型桩的加固作用,开展了 6 种工况剪切试验,分别测定了土体剪切时表现的黏聚力和内摩擦角,发现采用三排直杆、顶部连接时测得的土体黏聚力最大,但各种工况下内摩擦角基本不增加。张玉芳[36]运用微型桩技术,对京珠高速公路 K108 滑坡进行加固治理,微型桩采用成排布置,选取一级边坡坡脚设置微型桩,钻孔口径采用 130 mm,孔内放入 ϕ80 mm 的钢管,采用压力注浆方式灌注桩,起到了滑坡治理的效果。布设多排微型桩,使桩土形成复合体,相当于形成了一层抗滑挡墙。王树丰等[37-38]采用 FLAC3D 数值分析 5 排微型桩、梅花形布置,桩顶之间采用连梁连接,结果表明:加连梁的微型桩比未加设连梁的微型桩加固边坡,其安全系数提高 6%;承受滑坡推力方面,无连梁微型桩承担的推力最大值比有连梁的大 90%以上且各排桩所分担滑坡推力差异大,不利于均匀布桩。大型物理模型试验[38]表明,作用于微型桩群上的滑坡推力呈三角形分布,滑面处附近最大,靠近滑体中间桩体承受的滑坡推力最小,并给出了滑坡推力在 5 排桩中的分配系数,滑面以上微型桩的 P-y 曲线呈抛物线分布且与普通桩的 P-y 曲线有所不同,滑面以下基本一致。

1.2.3.3　微型桩组合结构

丁光文等[39]针对鹰厦铁路某路堑路段滑坡进行微型桩群加固。其中微型桩桩径为 130 mm、5 行 8 列成梅花形布置,并且中间一排采用竖直桩,其他 4 排均采用小角度倾斜桩,桩顶压顶梁(板)连接,顶梁处增设预应力锚索,经过实地监测,边坡稳定性好。从桩群的平面布置来看,桩的纵排间距(平行于滑动方向)为 500 mm,相当于 4 倍桩径,取得了桩土复合治理效果。肖维明[40]、鲜飞[41]、孙宏伟[42]、周德培[43]等先后研究微型桩、平面刚架微型桩布置、空间刚架微型桩布置,通过采用模型试验、理论分析、数值分析手段分析了各种布置形式下的加固特征,明确了微型桩结构其抗滑机理主要相当于土钉作用。空间刚架微型桩结构主要发挥抗剪和抗弯作用,同时能够形成桩土复合体效应,增加整体稳定性。通过力学简化,他们建立了各种形式微型桩的内力计算方法,但主要是从压力法方面计算分析的。孙厚超[44]采用受压模式下的网状微型桩设计计算方法,将微型组合桩作为一个整体并进行计算。孙书伟等[45]通过室内模型试验展开对 9 根微型桩、3×3 布置、桩顶承台连接形成的组合结构的研究,并进行与普通抗滑桩受力模式上的对比,其布置见图 1-2。结果表明:微型桩组合结构具有较好的抗滑承载能力,试验中其承载力虽略小于普通抗滑桩,但可以代替普通抗滑桩加固边坡,并且两者的受力机理存在差异。普通抗滑桩由于截面尺寸大、刚度大,变形主要由桩后土体压裂破坏引起;而微型桩则抗弯刚度小,外荷载作用下桩身发生挠曲变形使桩间土体的塑性区发生重叠,从而在滑面附近及桩顶均产生较大变形。滑坡推力在不同排微型桩间的传递关系随荷载的提高发生变化,滑面以下土抗力主要由后排桩的桩后土体提供。群桩效应使微型桩群中各微型桩的受力与单根微型桩的受力不同,桩顶承台提高了微型桩群的整体刚度。

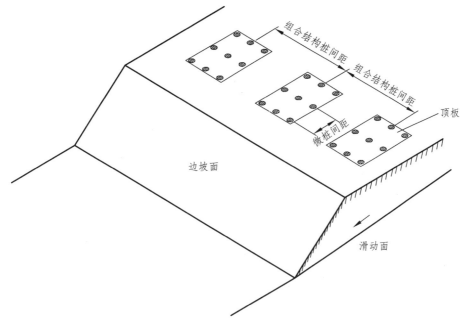

图 1-2 微型桩组合结构

梁炯[46]以 5 排梅花形布置的微型桩群桩加固滑坡体进行模型试验，结果表明滑坡发生滑动时微型桩各桩排间基本同时受力、同时变位且同时发生破坏，各排微型桩的受力分布情况基本相同。微型桩所受的滑坡推力呈梯形分布，滑面附近的土压力较大，第一排桩所受滑坡推力较大，其余各排桩所受滑坡推力依次减小，滑体抗力最前排桩基本呈倒三角形分布，后两排桩呈抛物线形分布，桩周配筋的微型桩加固边坡的效果优于桩心配筋的微型桩。苏媛媛[47]从室内大型剪切试验出发，对比分析微型桩群成矩形和圆形布置时水平荷载受力的工作性状，通过改变桩横向间距和竖向间距讨论结构的承载特性，推荐工程设计中桩间距采用 6D 的组合结构较为合理。

1.2.4　围桩-土耦合结构研究

郑明新等[2]提出围桩-土耦合抗滑结构，采用数根中小口径的圆形截面钢筋混凝土桩，成多边形布置，桩顶采用连系梁连接形成柱体结构，基于普通抗滑桩设计理论，主要讨论了 6 根微型桩采用正六边形布置，桩顶采用承台连接的形式，进行了微桩-土耦合抗滑桩结构设计计算方法研究，讨论了结构合理的桩间距、抗弯刚度和锚固深度的选取，并通过 FLAC3D 数值分析了结构加固滑坡的效果。徐典[3]通过建立黏性土之间的土拱室内模型试验和理论分析，得出了两桩之间的合理桩间距范围，在此基础上开展了围桩-土耦合式抗滑桩的模型试验，采用 6 根微型桩顶部用圆形盖板连接，分3 组不同配比的滑坡体材料，得到了各微型桩后侧的土压力分布。

1.3　存在问题的讨论

抗滑桩作为滑坡防治的主要工程措施，内力计算上主要有压力法、位移法、有限元法，其加固机理主要是桩土相互作用的结果。目前，国内外学者主要从土拱理论方面研究桩土间相互作用的较多，但桩间距合理性还需要大量实例验证；另外，抗滑结构未能充分发挥其最大抗滑能力，尤其是不能发挥岩土体的自身强度，加之抗滑桩多为人工在地面以下几十米深处作业，存在施工效率低又不安全等问题。

目前，针对中小型滑坡治理用到的微型桩，当采用密集布置时，其加固机理主要被认为是桩土形成复合体来共同抵抗滑坡推力；而桩土之间的相互作用机理十分复杂，加之在滑面附近及桩顶均产生较大变形，对于其桩土复合体形成条件及内部稳定性缺乏完整的理论和分析模型。

而采用中小直径的围桩-土耦合抗滑结构，其各个围桩桩径介于普通抗滑桩和微型桩之间，其计算理论和抗滑加固机理值得讨论与研究，具体表现有以下几个方面：

（1）围桩-土组合结构的合理布置形式的确定原则，是否存在较为合理的布置形式、立面布置、桩位设置等。

（2）围桩-土耦合结构之间形成桩土耦合效应，耦合性和分离性的判定标准、形成条件及影响因素。

（3）围桩-土耦合结构在加固滑坡时，其加固机理值得深入讨论，如结构的承载特性、桩土之间的应力响应、各围桩受力的分配问题等。

（4）滑坡治理结构的设计计算方法、加固滑坡（边坡）工程效果的评价等还需开展大量的研究和探讨。

1.4　主要研究内容

本书对提出的新型围桩-土耦合抗滑结构的定义和布置形式进行分析；在此基础上开展室内模型试验，讨论围桩-土耦合效应和各围桩桩前、后的土压力分布规律，进一步分析耦合结构的工作机理；最后结合桩土相互作用，探讨耦合结构加固滑坡的计算方法。具体内容如下：

（1）从结构抗弯刚度、桩土等效刚度、桩土影响直径方面分析对比各种正多边形布置的耦合结构特征，提出较为合理的平面布置形式；结合土拱效应法与绕流阻力法共同控制围桩间距，得出各围桩之间合理桩间距范围。

（2）基于上述合理的平面布置形式，开展室内模型试验。通过应力、应变、位移测试分析，得出围桩桩前与桩后土压力分布、各围桩的桩身弯矩分布、滑体应力分布及结构水平位移与荷载的关系曲线。通过试验进一步验证结构的耦合效应，揭示桩土耦合抗滑结构的工作机理。

（3）采用FLAC3D软件建立围桩-土耦合式抗滑桩加固的三维模型。从围桩平面布置形式、耦合式抗滑桩工作机理、施加预应力锚索等方面进行研究，对比分析了围桩-土的位移和围桩间的土拱效应，确定耦合作用最佳的平面布置形式，深入揭示耦合作用的机理并确定合理的耦合桩间距。

（4）引入耦合影响直径作为结构的计算宽度，将结构看作一个大桩进行处理，并以弹性地基梁为基础，进行内力计算，同时确定了围桩-土耦合结构内围桩与土体承担内力的分配方式，计算各围桩的最大内力，并以此作为各围桩的结构设计控制值，为耦合结构内力计算提供参考。

（5）综合理论分析和试验结果，提出新型围桩-土耦合抗滑结构的设计计算方法，开展工程实例计算分析。

第2章 围桩-土耦合结构的布置形式

2.1 概 述

随着普通抗滑桩、微型桩和注浆技术的发展，新型抗滑结构大量出现。对于采用数根中小直径的圆形桩，按一定方式成多边形布置排列，顶部设置连梁的围桩-土耦合结构来说，需要根据滑坡体推力及滑坡岩土体参数，确定结构的合理布置形式，按合理的锚固比埋置于滑床以下成为埋入式抗滑结构。合理布桩是形成强大抗弯刚度和桩土复合体效应的基础，合理的桩-土耦合可以充分调动结构周围岩土体共同抵抗滑坡推力，达到充分发挥岩土体自身强度的目的。

2.2 耦合结构平面布置形式的解析分析

通过分析围桩不同的平面布置，讨论围桩所构成结构的抗弯刚度，可得到一组较为合理的围桩组合。假定在一直径为 D 的外接圆内，各围桩分别成内接正 n 边形（n = 4、5、6、7、8）布置，各围桩桩顶采用刚性连系梁连接，如图 2-1 所示。

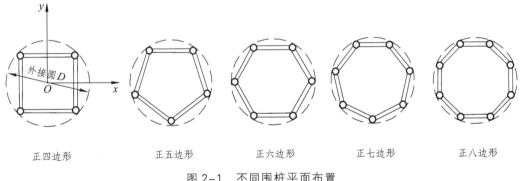

| 正四边形 | 正五边形 | 正六边形 | 正七边形 | 正八边形 |

图 2-1 不同围桩平面布置

2.2.1 围桩结构抗弯惯性矩计算

分别计算在不同围桩数情况下所形成的围桩结构的抗弯惯性矩。

1. 正四边形布置

当结构中围桩数量为 4，成正四边形布置，桩顶采用连梁连接，形成围桩组合结构时，只考虑结构中各围桩对 x 轴、y 轴的惯性矩，忽略桩顶连梁的惯性矩。由结构的对称性可知，结构对 x 轴、y 轴的惯性矩相等。

$$I_{x4} = I_{y4} = \frac{\pi d^4}{64} \times 4 + Ay^2 \times 4 = \frac{4\pi d^4}{64} + A \times \left(R\cos\frac{\pi}{4}\right)^2 \times 4 = \frac{4\pi d^4}{64} + 2AR^2$$

（2-1）

2. 正五边形布置

$$I_{x5} = I_{y5} = \frac{\pi d^4}{64} \times 5 + \sum Ay^2 = \frac{5\pi d^4}{64} + A \times \left(R\cos\frac{\pi}{5}\right)^2 \times 2 + A \times \left[R\sin\left(\frac{\pi}{5} \times 3 - \frac{\pi}{2}\right)\right]^2 \times 2 + AR^2$$

$$= \frac{5\pi d^4}{64} + 2.5AR^2$$

（2-2）

3. 正六边形布置

$$I_{x6} = I_{y6} = \frac{\pi d^4}{64} \times 6 + \sum Ay^2 = \frac{5\pi d^4}{64} + A \times \left(R\cos\frac{\pi}{6}\right)^2 \times 4 = \frac{5\pi d^4}{64} + 3AR^2 \quad （2-3）$$

4. 正 n 边形布置

$$I_{xn} = I_{yn} = \frac{\pi d^4}{64} \times n + \sum Ay^2 = \frac{n\pi d^4}{64} + \frac{n}{2}A\left(\frac{D-d}{2}\right)^2$$

（2-4）

式中：D——围桩结构外接圆直径；

d——各围桩的直径；

R——耦合结构单元中心至各围桩中心的距离，其值为 $(D-d)/2$；

A——单个围桩的面积，其值为 $\dfrac{\pi d^2}{4}$；

n——围桩的数量；

I_{xn}、I_{yn}——正 n 边形布置的耦合结构分别对 x 轴、y 轴的惯性矩；

y——各围桩的中心至各耦合结构的形心 x 轴的距离。

从上述分析可以得出，围桩呈正多边形布置时，所形成的围桩结构的抗弯惯性矩与桩数成正比例关系。

2.2.2　围桩-土耦合结构抗弯刚度计算

将上述不同的围桩所形成的结构埋设于岩土体中，并使围桩与围桩内的土体形成一个耦合体共同承受外荷载，那就存在桩土共同作用下的耦合结构抗弯刚度。现采取以下两种方法进行计算。

2.2.2.1　桩土分离计算法

将围桩-土耦合结构抗弯刚度视为桩的抗弯刚度与土的抗弯刚度叠加，耦合结构的范围视为各围桩的外接圆直径为 D 所在区域，其表达式如下：

$$K_{耦合1} = E_P I_P + E_S I_S = E_P I_P + E_S \times \left(\frac{\pi D^4}{64} - I_P \right) \qquad (2\text{-}5)$$

式中：E_P——桩的弹性模量（一般取 $0.15 \times 10^5 \sim 0.36 \times 10^5$ MPa）；

　　　　E_S——土的弹性模量（取黏土：坚硬状态 $E = 16 \sim 59$ MPa，塑性状态 $E = 4 \sim 18$ MPa；粉质黏土：坚硬状态 $E = 16 \sim 39$ MPa，塑性状态 $E = 4 \sim 18$ MPa）；

　　　　I_P——耦合结构中的所有围桩结构对 x 轴（y 轴）的惯性矩；

　　　　I_S——耦合结构中土体对 x 轴（y 轴）的惯性矩；

　　　　$K_{耦合1}$——桩土分离算法时的耦合结构整体抗弯刚度。

令土桩模量比

$$\alpha_{SP} = \frac{E_S}{E_P} \qquad (2\text{-}6)$$

将（2-6）式代入（2-5）式得

$$K_{耦合1} = E_P I_P + \alpha_{SP} E_P \times \frac{\pi D^4}{64} - \alpha_{SP} E_P I_P$$

$$= (1 - \alpha_{SP}) E_P \times \left[\frac{n \pi d^4}{64} + \frac{n A \left(\frac{D-d}{2} \right)^2}{2} \right] + \alpha_{SP} E_P \times \frac{\pi D^4}{64} \qquad (2\text{-}7)$$

2.2.2.2　桩土模量面积加权平均算法

假设围桩-土耦合结构在一定围桩间距的条件下，桩土能够形成耦合体，桩土耦合体的模量采用围桩和土体两者所占的面积加权平均得出，其表达式为：

$$E_{耦合} = \frac{E_P A_P + E_S A_S}{A_P + A_S} = \frac{E_P \dfrac{n \pi d^2}{4} + \alpha_{SP} E_P \left(\dfrac{\pi D^2_{耦合}}{4} - \dfrac{n \pi d^2}{4} \right)}{\dfrac{\pi D^2_{耦合}}{4}} \qquad (2\text{-}8)$$

$$K_{耦合2} = E_{耦合} \times \frac{\pi D^4_{耦合}}{64} \qquad (2\text{-}9)$$

式中：α_{SP}——土体与桩的弹性模量比；

　　　　A_P——桩土耦合体中所有桩的总面积；

　　　　A_S——桩土耦合体中土体的面积；

$E_{耦合}$——桩土耦合体弹性模量；

$D_{耦合}$——桩土耦合体耦合直径；

$K_{耦合2}$——桩土模量面积加权算法时的耦合结构整体抗弯刚度。

2.2.2.3 两种算法的比较

现以正六边形围桩布置为例，围桩桩径 d 为 0.4 m，钢筋混凝土桩的弹性模量为 20 000 MPa，土体的弹性模量为 20 MPa。在不同耦合直径的情况下，采用两种算法所得的抗弯刚度的大小与各级围桩桩间距 $2d$、$3d$、$4d$、$5d$、$6d$、$7d$ 的关系，如图 2-2 所示。

从图 2-2（a）可以看出：当耦合直径等于围桩结构外接圆直径时，围桩间距在 2 ~ 7 倍围桩桩径变化时，加权平均算法求得的抗弯刚度值从 $3.78 \times 10^3\ m^4$ 增大至 $3.51 \times 10^4\ m^4$，桩土分离算法求得的抗弯刚度值从 $4.99 \times 10^3\ m^4$ 增大至 $6.05 \times 10^4\ m^4$；随着围桩间距的增大，模量加权算法求得的抗弯刚度均小于桩土分离算法的值。

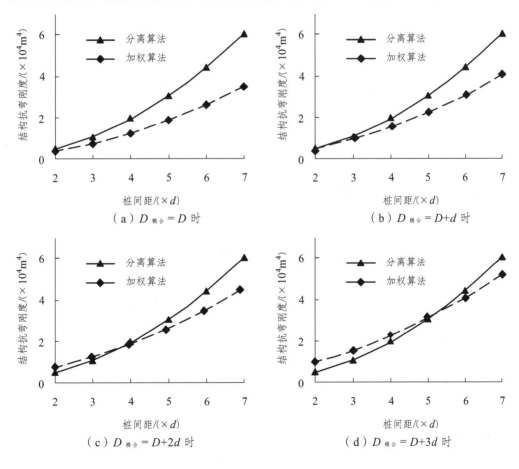

（a）$D_{耦合}=D$ 时

（b）$D_{耦合}=D+d$ 时

（c）$D_{耦合}=D+2d$ 时

（d）$D_{耦合}=D+3d$ 时

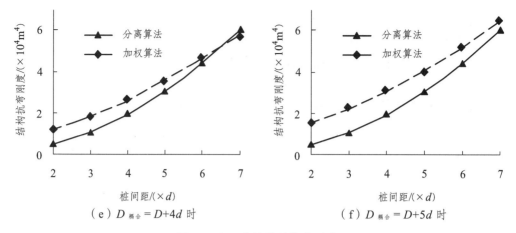

（e）$D_{耦合}=D+4d$ 时　　　　　　　　（f）$D_{耦合}=D+5d$ 时

图 2-2　两种算法的抗弯刚度

从图 2-2（b）可以看出：当耦合直径等于围桩结构外接圆直径加上 1 倍围桩直径，围桩间距在 2~7 倍围桩桩径变化时，加权平均算法求得的抗弯刚度值从 $5.46\times10^{3}\,\mathrm{m}^{4}$ 增大至 $4.02\times10^{4}\,\mathrm{m}^{4}$，桩土分离算法求得的抗弯刚度值从 $4.99\times10^{3}\,\mathrm{m}^{4}$ 增大至 $6.05\times10^{4}\,\mathrm{m}^{4}$；在围桩间距为 $2.293d$ 时，两种算法达到相同的抗弯刚度值（为 $6.645\times10^{3}\,\mathrm{m}^{4}$），并以该桩间距作为分界，当围桩间距小于 $2.293d$ 时，桩土耦合算法求得的结构抗弯刚度大于桩土分离算法求得的值，当围桩间距大于 $2.293d$ 时，桩土分离算法求得的抗弯刚度均大于模量加权算法求得的值。

同理从图 2-2（c）、（d）、（e）可以看出，耦合直径分别等于围桩结构外接圆直径加上 2 倍、3 倍、4 倍围桩直径时，均出现桩间距的分界点，分别求得两种算法下相同抗弯刚度值相等时对应的围桩间距为 $3.635d$、$4.952d$、$6.351d$，其抗弯刚度值为 $1.615\times10^{4}\,\mathrm{m}^{4}$、$3.007\times10^{4}\,\mathrm{m}^{4}$、$4.973\times10^{4}\,\mathrm{m}^{4}$；可见随着围桩间距的增加，耦合直径的增大，耦合体的抗弯刚度不断增大。

从图 2-2（f）可以看出，当耦合直径增大为外接圆直径加上 5 倍围桩直径时，加权平均算法求得的抗弯刚度值从 $1.53\times10^{4}\,\mathrm{m}^{4}$ 增大至 $6.4\times10^{4}\,\mathrm{m}^{4}$，桩土分离算法求得的抗弯刚度值从 $4.99\times10^{3}\,\mathrm{m}^{4}$ 增大至 $6.05\times10^{4}\,\mathrm{m}^{4}$，从数值上看，加权平均算法求得的抗弯刚度均大于桩土分离算法求得的值。

基于上述分析可知，在各级耦合影响直径情况下，存在一个临界的围桩间距，使得两种算法有较为一致的结果。那么对于围桩-土耦合结构，围桩与桩内土体既有耦合性又存在着一定分离性，为了充分考虑结构的安全储备，必须确定合理的抗弯刚度计算模式。

这里讨论上述图式中的一种，如图 2-2（c）耦合结构影响范围为外接圆直径加 2 倍围桩桩径的情况，即

$$D_{耦合}=D+2d \tag{2-10}$$

则耦合结构抗弯刚度如下：

$$K_{\text{耦合}} = \begin{cases} E_{\text{P}}I_{\text{P}} + E_{\text{S}} \times \left(\dfrac{\pi D^4}{64} - I_{\text{P}} \right) & S \leqslant 3.67d \\[3mm] E_{\text{耦合}} \times \dfrac{\pi D^4_{\text{耦合}}}{64} & S \geqslant 3.67d \end{cases} \tag{2-11}$$

1. 抗弯刚度与桩数的关系

当围桩桩间土为黏性土时，取 $E_{\text{P}} = 16\,000$ MPa，$E_{\text{S}} = 16$ MPa，则 $\alpha_{\text{SP}} = 1/1\,000$；假设围桩桩径为 0.4 m，分别取围桩桩间距为 $2d$ 和 $4d$，围桩数 $n = 4$、5、6、7、8，则耦合结构的抗弯刚度如图 2-3 所示。

围桩间距为 $2d$ 时，抗弯刚度值从 $0.17 \times 10^3\,\text{m}^4$ 增大至 $1.12 \times 10^4\,\text{m}^4$；围桩间距为 $4d$ 时，抗弯刚度值从 $0.76 \times 10^4\,\text{m}^4$ 增大至 $3.71 \times 10^4\,\text{m}^4$；耦合结构的抗弯刚度随桩数的增加而增加。

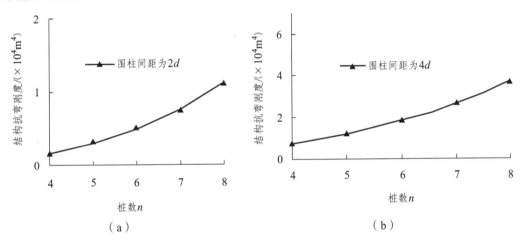

图 2-3　耦合结构抗弯刚度与桩数的关系

2. 抗弯刚度与桩径的关系

同样采用上述参数，假定在同一外接圆直径 D 的情况下，由正多边形几何关系得：

$$D = 2R + d = 2\frac{\dfrac{S}{2}}{\sin\dfrac{\pi}{n}} + d = \frac{S}{\sin\dfrac{\pi}{n}} + d \tag{2-12}$$

式中：R——耦合结构各围桩的圆心连线所成的圆形的半径；

　　　n——耦合结构各围桩的数量；

　　　d——耦合结构各围桩的桩径；

　　　S——耦合结构各围桩中心的间距。

为了研究方便，假定围桩成六边形排列，桩径为 0.4 m，成 $3d$ 的桩间距布置，根据式（2-12）可算得外接圆直径为 2.8 m。若不同围桩数量的耦合结构都在外接圆直径 $D = 2.8$ m 的情况下，则同理通过式（2-12）可反算出不同桩数时对应的围桩间距 S，根据围桩桩径在 0.2 m、0.25 m、0.3 m、0.35 m、0.4 m、0.45 m、0.5 m、0.55 m、0.6 m、0.65 m、0.7 m 变化时，算得耦合结构的抗弯刚度，如图 2-4 所示。

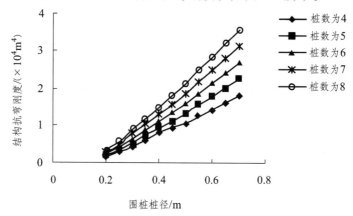

图 2-4　耦合结构抗弯刚度与桩径的关系

可以看出，在同等外接圆直径 D 的情况下，各耦合结构的抗弯刚度随桩径的增加而不断增加。

3. 抗弯刚度和围桩桩距的关系

取围桩结构成 4、5、6、7、8 边形布置，取 $E_P = 16\,000$ MPa，$E_S = 16$ MPa，则 $\alpha_{SP} = 1/1\,000$；当围桩桩径 d 为 0.4 m，围桩间距在 $2d$、$3d$、$4d$、$5d$、$6d$、$7d$ 变化时，耦合结构的抗弯刚度如图 2-5 所示。

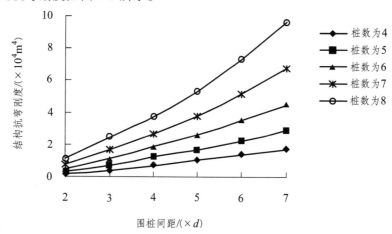

图 2-5　耦合结构抗弯刚度与围桩间距的关系

耦合结构抗弯刚度随桩间距的增加而不断增加，围桩间距为 4 倍围桩桩径、桩数为 4 时抗弯刚度值为 0.76×10^4 m^4；桩数为 5 时，抗弯刚度值为 1.23×10^4 m^4；其刚度

增量为 $0.47 \times 10^4 \, \text{m}^4$。当桩数从 5 到 6 变化时，抗弯刚度值增量为 $0.62 \times 10^4 \, \text{m}^4$；当桩数从 6 到 7 变化时，抗弯刚度值增量为 $0.82 \times 10^4 \, \text{m}^4$。可见，围桩间距一定时，桩数越多，结构抗弯刚度的增量值越大，结构获得刚度越大。

围桩间距无限增大时，虽能达到很大的结构刚度，但桩间土体会在外荷载作用下发生塑性变形，此时桩间土体与桩体未必能形成耦合体。因此，围桩间距应该有一个合理的范围，即合理的围桩间距。

4. 耦合结构等效直径与桩间距的关系

由上述分析可知，耦合结构抗弯刚度随桩数和桩间距的增大而呈增大趋势：桩数增加，围桩间距不变，必然会引起结构的耦合体面积增大，从而引起结构刚度增大；当桩数一定，外接圆直径一定时，桩间距增加，也会导致刚度增大。现引入耦合结构等效直径，认为结构的平均抗弯刚度相当于一定直径 D_1 的钢筋混凝土桩所产生的刚度，如图 2-6 所示。

$$K_{耦合} = E_P \times \frac{\pi D_1^4}{64} \tag{2-13}$$

$$D_1 = \sqrt[4]{\frac{64 \times K_{耦合}}{\pi E_P}} \tag{2-14}$$

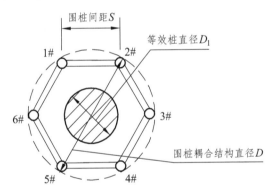

图 2-6　围桩耦合结构等效桩

当围桩桩径 d 为 0.4 m 时，在相同桩数情况下，等效直径、面积比与围桩间距的关系如图 2-7、图 2-8 所示。当桩数为 6，围桩间距从 $2d$ 变化至 $7d$ 时，等效直径 D_1 值从 $5.63d$ 变化至 $17.04d$，即随着围桩间距的增大而增大；对应的等效直径所组成的等效圆与各围桩外接圆面积比从 0.56 变化至 0.19，随桩间距的增大而不断减小。而面积比在一定程度上反映了结构刚度的综合利用效率，围桩数增加，桩间距增大，虽然能获得较大的等效直径，但刚度的利用程度不断下降。在相同桩间距的情况下，桩数少，虽等效直径小，但所得到的面积比大。综合两个方面的因素，选用桩数为 6、桩间距为 3 ~ 5 倍桩径组成的结构刚度较为合理。

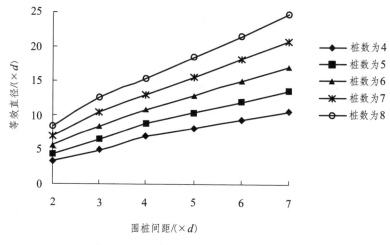

图 2-7　等效直径与围桩间距的关系

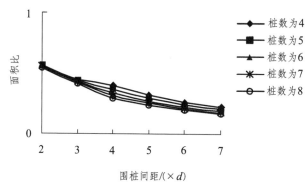

图 2-8　面积比与围桩间距的关系

2.2.3　结构内部稳定性分析

从上述抗弯刚度分析可知，围桩数增多，围桩间距增大，围桩-土耦合结构能够实现较大的刚度。从弹性力学角度讲，耦合结构刚度大，加固效果好，但桩数过多则会带来一定的施工难度和经济负担。但当围桩数一定时，围桩间距过大，土体可能会从围桩之间溜走，导致桩-土耦合体不能形成。选择合理围桩间距直接影响到耦合结构的正常工作，也是结构内部稳定的前提条件。

2.2.3.1　围桩间距的确定

在传统的抗滑桩结构设计中，一般从抗滑桩的受力情况出发，在滑坡推力的作用下，由于桩土两种介质的变形差，桩间能够形成土拱效应，滑坡推力通过土拱传递给桩，再由桩传给滑床，从而起到加固滑坡作用。因此，土拱效应成为桩-土耦合一个最重要的工作机理。为了实现土拱效应，必须结合工程实际情况和土拱受力分析综合确定合理的桩间距。

围桩-土耦合结构在滑坡推力作用下也将产生一定的土拱效应,使得围桩结构内土体不流出,结构外土体不挤入,实现真正的桩土共同作用。通过建立桩间水平土拱的力学平衡,以土拱的拱脚、拱顶上下边缘作为控制截面,根据土体的莫尔-库仑强度破坏准则和桩的绕流阻力来建立桩间距计算公式。

以正六边形围桩-土耦合结构为研究对象,6 根圆形截面桩按等间距排列,桩顶采用钢筋混凝土梁连接,见图 2-9。

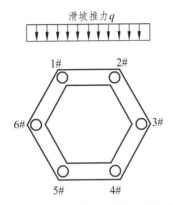

图 2-9 正六边形围桩组合结构

首先分析 1#、2#围桩之间的桩间距,设围桩之间的桩间距为 S(相邻围桩中心至中心的距离)。

1. 基于土拱理论分析确定 1#与 2#围桩间距

(1)基本假定。

1#桩与 2#桩间岩土体共同承受滑坡推力,将土体视为各向同性材料,土质均匀,滑坡推力简化为沿拱跨方向均匀分布,假设能够形成土拱并且只分析成层土中水平土拱问题。

(2)土拱的几何参数。

1#、2#桩为圆形截面桩,土拱范围内的桩宽采用内接四边形宽度来处理,如图 2-10、图 2-11 所示,令土拱的跨度为 l,拱高为 f,滑坡推力均布荷载为 q,桩体本身作为拱支座,由结构力学可知,在均布荷载作用下,能够形成拱形结构,且拱结构稳定而不发生破坏,一般情况下将结构简化为三铰拱进行处理。

(3)受力分析。

在均布荷载作用下,三铰拱合理的拱轴线为二次抛物线,并且土拱圈上任意截面弯矩和剪力均为零,只受轴向力作用。建立如下平衡方程:

1#、2#支座反力 $\qquad V_1 = \dfrac{1}{2}ql$ $\hfill$ (2-15)

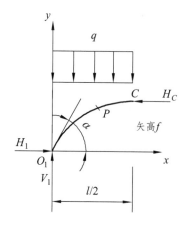

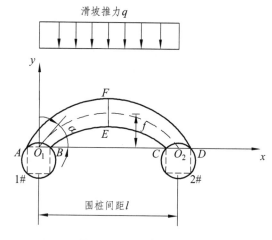

图 2-10　土拱受力图　　　　　　　图 2-11　土拱示意图

取三铰拱的半跨建立力矩平衡方程，如图 2-10 所示。

$$\sum M_C = 0,\ V_1 \times \frac{1}{2}l - q \times \frac{1}{2}l \times \frac{1}{4}l - H_1 \times f = 0,\ H_1 = \frac{ql^2}{8f} \tag{2-16}$$

$$\sum X = 0,\ H_1 - H_C = 0,\ H_1 = H_C = \frac{ql^2}{8f} \tag{2-17}$$

为求得合理拱轴线，须满足在任意点处的弯矩和剪力均为零，则对任意点 $P(x,\ y)$ 求力矩，有：

$$\sum M_P = 0,\quad V_1 x - q \times \frac{1}{2}x^2 - H_1 y = 0 \tag{2-18}$$

将式（2-16）、式（2-17）代入式（2-18）中，得抛物线方程：

$$\frac{1}{2}qlx - q \times \frac{1}{2}x^2 - \frac{ql^2}{8f}y = 0 \Rightarrow y = \frac{4(lx - x^2)}{l^2}f \tag{2-19}$$

（4）静力平衡控制。

在拱脚处： 为了保证土拱在水平方向上的稳定性，由普氏理论[24]，作用在拱脚处的水平推力 H_1 应小于垂直反力 V_1 所产生的最大摩擦力。

$$H \leqslant \mu \cdot V_1 \tag{2-20}$$

其中：μ——岩土体与桩体的摩擦系数（$\mu = \tan \delta$）；

　　　δ——岩土体与桩侧之间的内摩擦角，通常取岩土体的等值内摩擦角 ϕ_m。

忽略土黏聚力 c 的影响，$\phi_m = \arctan \dfrac{\sigma \tan \varphi + c}{\sigma} = \arctan \dfrac{\sigma \tan \varphi}{\sigma} = \varphi$

即 $\delta = \varphi$，代入式（2-20）得：

$$\frac{ql^2}{8f} \leqslant \frac{1}{2}ql\tan\varphi \text{ , } \text{则 } f \geqslant \frac{l}{4\tan\varphi} \tag{2-21}$$

当处于极限状态时，矢跨比：

$$\frac{f}{l} = \frac{1}{4\tan\varphi} \tag{2-22}$$

将式（2-22）代入式（2-19）得：

拱轴线方程 $\quad y = \dfrac{lx - x^2}{l\tan\varphi} \tag{2-23}$

在跨中截面处：若桩间土拱不发生剪切破坏，则土体应满足莫尔-库仑强度破坏准则。分别对土拱的跨中截面上下点进行强度校核，其表达式如下：

$$\sigma_{1\mathrm{f}} = \sigma_{3\mathrm{f}}\tan^2\left(45° + \frac{\varphi}{2}\right) + 2c\tan\left(45° + \frac{\varphi}{2}\right) \tag{2-24}$$

对于土拱跨中截面最上面点 F：

$$\sigma_{3F} = q \qquad \sigma_{1F} = \frac{H_C}{t} = \frac{\dfrac{ql_1^2}{8f}}{\dfrac{\sqrt{2}d}{2}} = \frac{\sqrt{2}ql_1^2}{8fd} \tag{2-25}$$

将式（2-25）代入式（2-24）得：

$$\frac{\sqrt{2}ql_1^2}{8fd} = q\tan^2\left(45° + \frac{\varphi}{2}\right) + 2c\tan\left(45° + \frac{\varphi}{2}\right) \tag{2-26}$$

将式（2-21）代入（2-26）得：

$$\frac{\sqrt{2}ql_1^2}{8\left(\dfrac{l_1}{4\tan\varphi}\right)d} = q\tan^2\left(45° + \frac{\varphi}{2}\right) + 2c\tan\left(45° + \frac{\varphi}{2}\right) \tag{2-27}$$

化简得

$$l_1 = \frac{\sqrt{2}d\tan^2\left(45° + \dfrac{\varphi}{2}\right)}{\tan\varphi} + \frac{2\sqrt{2}dc\tan\left(45° + \dfrac{\varphi}{2}\right)}{q\tan\varphi} \tag{2-28}$$

对于土拱顶最下面点 E：

$$\sigma_{3E} = 0 \qquad \sigma_{1E} = \frac{H_C}{t} = \frac{\dfrac{ql_2^2}{8f}}{\dfrac{\sqrt{2}d}{2}} = \frac{\sqrt{2}ql_2^2}{8fd} \tag{2-29}$$

将式（2-29）、式（2-21）代入式（2-24）得：

$$\frac{\sqrt{2}ql_2^2}{8fd} = 0 + 2c\tan\left(45° + \frac{\varphi}{2}\right)$$

$$\frac{\sqrt{2}ql_2^2}{8\left(\dfrac{l_2}{4\tan\varphi}\right)d} = 0 + 2c\tan\left(45° + \frac{\varphi}{2}\right)$$

得到：

$$l_2 = \frac{2\sqrt{2}dc\tan\left(45° + \dfrac{\varphi}{2}\right)}{q\tan\varphi} \qquad (2-30)$$

对于拱脚处 O_1 点：

$$\sigma_{1O_1} = \frac{H_1}{\dfrac{\sqrt{2}d}{2}} = \frac{\dfrac{ql_3^2}{8f}}{\dfrac{\sqrt{2}d}{2}} = \frac{ql_3^2}{4\sqrt{2}fd} \qquad\qquad \sigma_{3O_1} = \frac{V_1}{\dfrac{\sqrt{2}d}{2}} = \frac{\dfrac{ql_3}{2}}{\dfrac{\sqrt{2}d}{2}} = \frac{ql_3}{\sqrt{2}d} \qquad (2-31)$$

将式（2-31）、式（2-21）代入式（2-24）得：

$$\frac{ql_3^2}{4\sqrt{2}fd} = \frac{ql_3}{\sqrt{2}d}\tan^2\left(45° + \frac{\varphi}{2}\right) + 2c\tan\left(45° + \frac{\varphi}{2}\right)$$

化简得：

$$l_3 = \frac{\sqrt{2}dc\tan\left(45° + \dfrac{\varphi}{2}\right)}{q\left[\tan\varphi - \tan^2\left(45° + \dfrac{\varphi}{2}\right)\right]} \qquad (2-32)$$

2. 基于桩的绕流阻力确定桩间距分析

根据沈珠江[8-9]桩的绕流阻力计算公式，桩成排布置时，桩间距应小于下述公式中的临界桩间距，否则桩间土将会发生绕桩滑动，桩土也就不能保证形成一个耦合体。

$$l_4 = A\left[1 + \frac{1}{2}\tan u \exp\left(\frac{\pi}{2}\tan\varphi\right)\right] + 2B\exp(u\tan\varphi)\sin u \qquad (2-33)$$

其中：A、B——桩垂直于滑动方向的宽度和平行于滑动方向的高度；

φ ——土体的内摩擦角；

u —— $u = \dfrac{\pi}{4} + \dfrac{\varphi}{2}$。

将上述式（2-28）、式（2-30）、式（2-32）、（2-33）联立，分别确定 4 个桩间距，并取其中最小值作为水平土拱形成的控制值。

3. 基于土拱理论分析确定 2#与 3#围桩间距

假定 2#、3#围桩之间在滑坡推力作用下，能够形成如图 2-12 所示的土拱效应，O_3O_2 与水平方向的夹角为 θ 值为 $\dfrac{2\pi}{n}$，n 为桩数，根据 1#与 2#围桩间距的推理，同样也可以得出两桩倾斜布置时桩间距的计算公式同式（2-28）、式（2-30）、式（2-32）、式（2-33）。

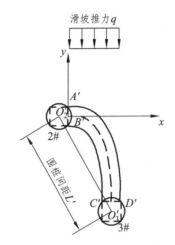

图 2-12　围桩 2#与 3#土拱

利用对称性，各相邻围桩之间在外荷载作用下，都能形成土拱效应，其桩间距均采用上述的 1#与 2#桩之间的桩间距计算公式来控制。耦合结构的土拱图式见图 2-13。

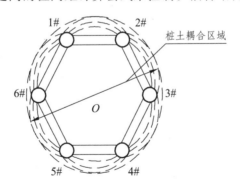

图 2-13　桩-土耦合结构土拱

综上所述，可知合理的围桩间距与岩土体参数、滑坡推力、桩径等密切相关。

2.2.3.2　结构耦合影响直径的确定

假设 n 根围桩按一定间距成正多边形排列，在滑坡推力作用下能够形成土拱效应，将所有围桩间形成的小土拱所包络的范围视作耦合结构的影响范围。为方便计算，取各小土拱的外切圆代替影响区域，并记小土拱外切圆的直径为 $D_{影响}$，见图 2-13、图 2-14。

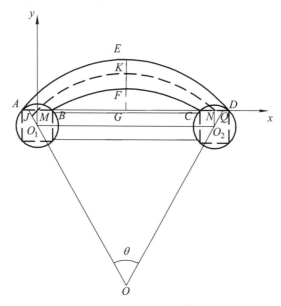

图 2-14　两围桩间的土拱

由几何关系得

$$D_{影响}=\sqrt{\frac{4\times n\times(S_{OO_1O_2}+S_{O_1MNO_2}+S_{MKN})}{\pi}}+\frac{\sqrt{2}}{4}d \qquad (2\text{-}34)$$

$$S_{OO_1O_2}=\frac{l\times\dfrac{\dfrac{1}{2}}{\tan\dfrac{\theta}{2}}}{2}=\frac{l^2}{4\tan\dfrac{\theta}{2}} \qquad (2\text{-}35)$$

$$S_{O_1MNO_2}=\frac{\sqrt{2}}{4}d\times l=\frac{\sqrt{2}}{4}dl \qquad (2\text{-}36)$$

$$S_{MKN}=\int_0^l\frac{lx-x^2}{l\tan\varphi}\mathrm{d}x=\frac{l^2}{6\tan\varphi} \qquad (2\text{-}37)$$

将式（2-35）~ 式（2-37）代入式（2-34）得：

$$D_{影响}=\sqrt{\frac{4\times n\times\left(\dfrac{l^2}{4\tan\dfrac{\theta}{2}}+\dfrac{\sqrt{2}}{4}dl+\dfrac{l^2}{6\tan\varphi}\right)}{\pi}}+\frac{\sqrt{2}}{4}d \qquad (2\text{-}38)$$

1. $D_{影响}$ 与桩间距的关系

假定围桩的桩径为 d，土体的内摩擦角为 20°，围桩数为 4、5、6、7、8，围桩间距采用为 2d、3d、4d、5d、6d、7d，分析影响直径与围桩间距的关系曲线，如图 2-15 所示。

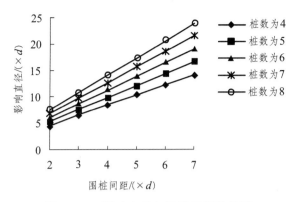

图 2-15　影响直径与围桩间距的关系

现以桩数为 6 为例，耦合直径从 6.71d 增加到 19.1d，可见结构的耦合影响直径随着桩间距的增加而不断增加，为了更好地体现桩-土耦合的发挥程度，现分析耦合区域与结构本身的外接圆 D 所围面积之比与桩间距的关系，如图 2-16 所示。

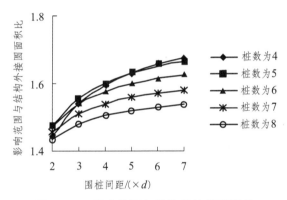

图 2-16　耦合范围与结构外接圆面积比

在同等围桩间距的情况下，面积比随着桩数的增加而不断减小：当围桩间距为 3 倍桩径时，桩数为 5、6 根时所获得的面积比最大，其值分别为 1.56、1.55，均高于桩数为 4、7、8 时对应的面积比值；当围桩间距为 4 倍桩径时，桩数为 5 时所获得的面积比最大，其值为 1.61。可见当围桩间距小于 4 倍桩径时，5 边形布置所获得的面积比最大，即耦合效果发挥程度最高；当围桩间距大于 5 倍桩径时，围桩数为 4 根所组成的结构获得的面积比最大。因此，根据面积比大小并结合桩间距的变化来确定围桩数的合理性是十分有必要的。在密间距布置桩的情况下，选用桩数为 5、6，围桩间距为 3d ~ 4d 组成的围桩结构是比较经济的。

从图 2-17 可知，结构的耦合直径和外接圆直径比，当桩数为 5、桩间距在 3d ~ 4d 时，对应的耦合影响直径为 1.247D ~ 1.265D；当桩数为 6，桩间距在 3d ~ 4d 时，对应的耦合影响直径为 1.243D ~ 1.254D。桩数一定的情况下，耦合影响直径随围桩间距的增大而不断增大，其直径比基本在 1.2 ~ 1.3 变化，即 $D_{影响} = (1.2 ~ 1.3)D$ 最佳。

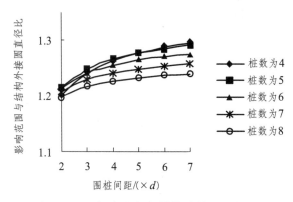

图 2-17 耦合直径与结构外接圆直径比

2. $D_{影响}$ 与土体内摩擦角的关系

假定围桩的桩径为 d、桩间距采用 $3d$，围桩数不断变化，土体的内摩擦角为 $10°$、$15°$、$20°$、$25°$、$30°$、$35°$、$40°$时，$D_{影响}$ 的变化关系如图 2-18 所示。在围桩间距一定的情况下，结构的影响直径随土体内摩擦角的增大而不断减小。可见：桩间土体强度越小、桩土相对位移越明显，若土拱能够保持稳定，则所获得的土拱矢跨比就越大；耦合结构中桩数多，获得的影响直径也就越大。

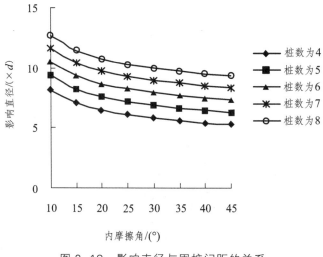

图 2-18 影响直径与围桩间距的关系

3. 同等外接圆直径 D 情况下，$D_{影响}$ 与桩数的关系

取桩径为 d，土体内摩擦角为 $20°$，外接圆直径取 $7d$、$8d$、$9d$、$10d$、$11d$、$12d$、$13d$、$14d$，关系曲线如图 2-19 所示。可见，结构耦合直径不断增大，在同等外接圆直径的情况下，桩数少则获得的耦合结构影响直径大。

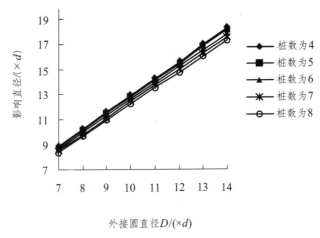

图 2-19 影响直径与外接圆直径的关系

综合上述结构抗弯刚度与耦合影响直径的分析，选用 5 根或 6 根小桩，按正多边形排列，取围桩间距为 $3d \sim 4d$，桩顶采用连梁，形成的平面布置较为合理。

2.3 围桩平面布置合理性数值分析

围桩-土耦合式抗滑结构的抗滑作用类似于普通抗滑桩，故暂称其为耦合式抗滑桩，其中的小直径桩称为围桩。围桩因其根数、布置角度及围桩间距等不同而呈现出不同的平面布置形式。那么，如何平面布置方能最优呢？这里采用 FLAC3D 软件建立耦合式抗滑结构的三维数值模型，对围桩与土耦合的位移场和应力场进行分析，探讨在不同平面布置形式下围桩-土的耦合效果，并最终选取合理的围桩平面布置形式。

2.3.1 FLAC3D 软件简介

FLAC3D 是由美国 Itasca Consulting Group Inc.公司开发的三维有限差分程序。作为一个专业分析软件，FLAC3D 能够进行岩土、结构、温度、流体等多学科的研究，目前已广泛应用于岩土工程、采矿工程、隧道工程、道路与铁道工程等领域。

FLAC3D 是一个三维有限差分程序，能够对岩土体及其他材料进行三维结构受力特性模拟和塑性流动分析。它可通过选用不同的实体单元类型或将其组合并加以调整来拟合实际结构的几何特性。单元材料根据其实际力学性质选用线性或非线性本构模型。在外荷载作用下，当材料发生塑性屈服流动后，网格能够相应发生变形；若设置为大变形模式，则网格还可以相应发生移动。FLAC3D 有诸多优点：

（1）其采用的显式拉格朗日算法和混合-离散分区技术能够准确模拟材料的塑性破坏和塑性流动，这种"混合离散法"较有限元法中采用的"离散集成法"更为准确合理。

（2）采用动态运动方程模拟静态系统，消除了其在模拟物理上的不稳定过程中数值上的障碍。

（3）采用显式解方案。利用显式解方案求解非线性的应力-应变关系所花费的时间几乎与求解线性本构关系相同，而隐式求解方案则需要较长的时间求解非线性问题。而且，它无须存储刚度矩阵，模拟大变形问题几乎并不比模拟小变形问题多花费更多的计算时间。

由于岩土材料的多样性及其力学特性的差异性，迄今为止，人们尚无法采用统一的本构模型来表达岩土材料的应力-应变关系。FLAC3D 为岩土工程问题的求解开发了12 种本构模型，可以适应各种工程分析的需要。其中：弹性模型包括各向同性、横观各向同性和正交各向同性弹性模型，共计 3 个；塑性模型包括 Drucker-Prager 模型、Mohr-Coulomb 模型（莫尔-库仑模型）、应变硬化/软化模型、遍布节理模型、双线性应变硬化/软化遍布节理模型、修正剑桥模型、双屈服模型和霍克-布朗模型，共计 8 个。此外，结构单元模型包括梁（beam）单元、桩（pile）单元、锚索（cable）单元、壳（shell）单元、土工格栅（geogrid）单元和初衬（support）单元等。

本书选用的本构模型为莫尔-库仑模型，它可以用来模拟边坡稳定性和地下开挖等，破坏包络线对应于莫尔-库仑强度准则（剪切屈服函数）和拉伸破坏准则（拉应力屈服函数）。

1. 增量弹性法则

莫尔-库仑强度理论将某一面上的强度转化为达到破坏时单元体主应力之间的关系。在 FLAC3D 中，该模型利用主应力 σ_1、σ_2、σ_3 和平面外应力 σ_{zz}，其大小和方向由应力张量分量求出（压应力为负）。主应力大小顺序为：

$$\sigma_1 \leqslant \sigma_2 \leqslant \sigma_3 \tag{2-39}$$

对应的主应变增量 Δe_1、Δe_2、Δe_3 分解为：

$$\Delta e_i = \Delta e_i^e + \Delta e_i^p \qquad i=1,2,3 \tag{2-40}$$

式中上标 e 和 p 分别表示弹性部分和塑性部分，塑性部分只发生在塑性流动阶段。由胡克定律得出主应力增量和主应变增量关系的表达式：

$$\left.\begin{aligned}
\Delta\sigma_1 &= \alpha_1 \Delta e_1^e + \alpha_2 (\Delta e_2^e + \Delta e_3^e) \\
\Delta\sigma_2 &= \alpha_1 \Delta e_2^e + \alpha_2 (\Delta e_1^e + \Delta e_3^e) \\
\Delta\sigma_3 &= \alpha_1 \Delta e_3^e + \alpha_2 (\Delta e_1^e + \Delta e_2^e)
\end{aligned}\right\} \tag{2-41}$$

式中：$\alpha_1 = K + (4/3)G$；$\alpha_2 = K - (2/3)G$。

2. 屈服函数

根据式（2-39）的假定，将破坏准则在 (σ_1, σ_3) 主应力平面内表示，如图 2-20。由莫尔-库仑屈服函数可得 A 点到 B 点的剪切破坏包络线为：

$$f^s = \sigma_1 - \sigma_3 N_\varphi + 2c\sqrt{N_\varphi} \tag{2-42}$$

B 点到 C 点拉应力屈服函数为：

$$f^{t}=\sigma^{t}-\sigma_3 \qquad (2\text{-}43)$$

式中：φ——内摩擦角；

$\quad c$——黏聚力；

$\quad \sigma^{t}$——抗拉强度，且规定：$\sigma^{t}\leqslant\sigma^{t}_{\max}=\dfrac{c}{\tan\varphi}$。

$$N_{\varphi}=\frac{1+\sin\varphi}{1-\sin\varphi} \qquad (2\text{-}44)$$

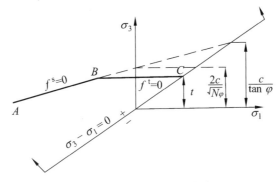

图 2-20　莫尔-库仑强度准则

由屈服函数表达式可以看出，破坏只与 σ_1、σ_3 有关，而与 σ_2 无关，说明主应力空间破坏面是与 σ_2 轴平行的面，投影到 σ_1 轴与 σ_3 轴构成的平面内是一直线。

2.3.2　耦合式抗滑结构合理性的数值分析

针对某中小型规模的黏性土滑坡，滑体主要由全新统的堆积物组成，以黏土和粉质黏土为主并夹杂碎石，下伏基岩为千枚岩，滑体与基岩之间有软弱夹层。该滑坡目前尚处于蠕滑阶段，但若受到降雨等不利因素影响，滑体将沿软弱夹层快速滑动，采用围桩-土耦合式抗滑桩进行加固。滑坡纵断面及耦合式抗滑桩设桩位置如图 2-21 所示（滑坡纵向为 x 轴，横向为 y 轴，竖向为 z 轴）。

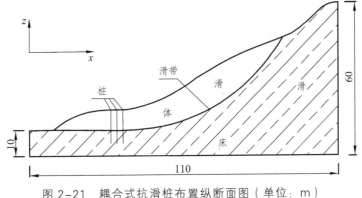

图 2-21　耦合式抗滑桩布置纵断面图（单位：m）

2.3.2.1 围桩平面布置方案

耦合式抗滑桩的组成形式为：5～6 根围桩（直径 400～600 mm，滑坡推力较小时取较小值，反之取较大值）按正五边形或正六边形布置，桩顶由冠梁刚性连接，形成一个超静定框架抗滑结构。影响围桩平面布置的因素主要有围桩根数、布置角度和围桩间距三个方面。

平面布置方案的拟定思路：首先，确定围桩根数及布置角度；其次，确定围桩间距；最终确定合理的布置方案。于是，根据该思路中待确定因素的不同做如下方案的分类：

1. 确定围桩根数及布置角度

围桩根数初步选取为 5、6，其平面布置角度又各有两种，如图 2-22 所示。依据单位宽度滑体分担的围桩截面积相等的原则，在横向即 y 方向布桩，布桩平面图见图 2-23。

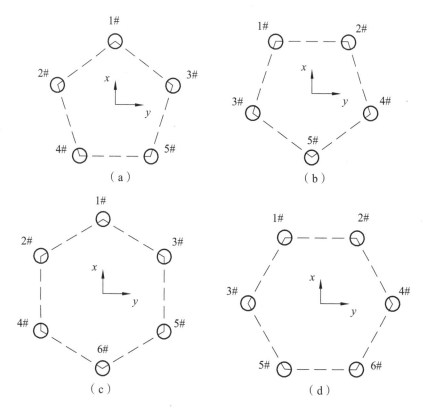

图 2-22　围桩平面布置形式示意图

围桩间距初步取为 $S = 4d$。图 2-23（a）和（b）中的抗滑结构间距 $L_1 = 5L_2/6$，图 2-23（c）和（d）中的抗滑结构间距 L_2 初步选取 12 m。据此，便有 4 种平面布置方案，如表 2-1。

表 2-1　围桩平面布置方案

布置角度	围桩根数	
	5	6
角度 1	方案一	方案二
角度 2	方案三	方案四

各方案平面布置示意图见图 2-23。

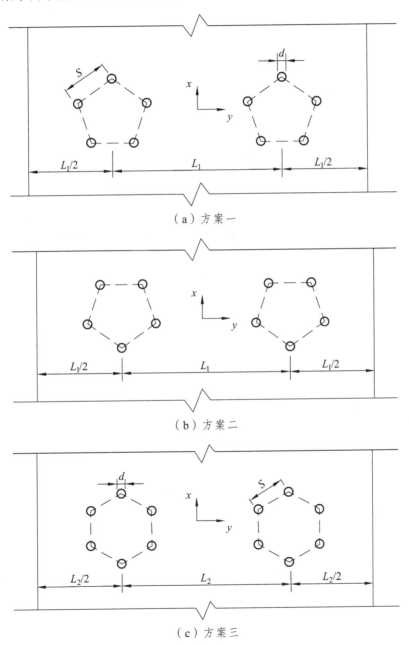

（a）方案一

（b）方案二

（c）方案三

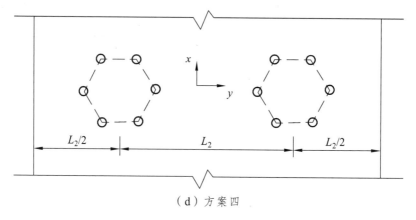

（d）方案四

图 2-23　围桩平面布置示意图

2. 确定围桩间距 S

由土拱效应原理可知，围桩间距是围桩之间能否形成土拱效应的重要因素，而土拱效应的形成与否关系到围桩-土是否能够形成良好的耦合作用。由材料力学知识可知，围桩间距的大小直接关系到围桩对截面中心抗弯刚度的大小。围桩间距越大，则围桩对六边形截面中心的抗弯刚度越大，反之则抗弯刚度越小。但是，若围桩间距大于一定值，则围桩间形不成土拱效应，桩后土体从围桩之间挤入桩内，桩内土体从围桩之间挤出桩外，也就形不成围桩-土的耦合作用，不能充分发挥围桩内部土体自身的强度，反而会导致围桩与内部土体整体刚度的减小；若围桩间距小于合理的桩间距，虽然围桩间能够形成土拱效应，桩外土体不能挤入桩内，桩内土体也不能挤出桩外，从而保证了围桩与土良好的耦合作用，充分调用内部土体的强度，但围桩对六边形截面中心的抗弯刚度减小，所围土体范围亦减小，如此则导致耦合式抗滑桩整体刚度的减小。

为确定合理的围桩间距，拟定如下方案：S/d 初步选取为 3、4、5，以方案四所示围桩根数及布置角度为例，不同围桩间距 S 下的平面布置如图 2-24 所示。

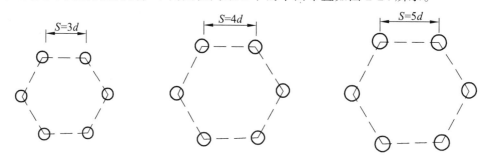

图 2-24　不同围桩间距下的围桩平面图

依据单位宽度滑体分担的围桩截面积相等的原则，在横向即 y 方向布桩。据此，便有三种平面布置方案，如表 2-2。

表 2-2　围桩平面布置方案

方案类型	S		
	3d	4d	5d
方案四	方案五	（方案四）	方案六

各方案围桩平面布置示意图见图 2-25，而桩间距 $S = 4d$ 时即为方案四[图 2-23（d）]。

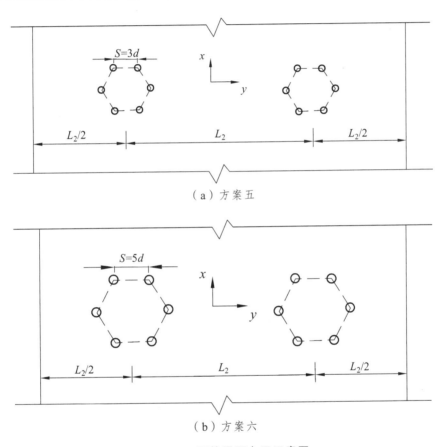

（a）方案五

（b）方案六

图 2-25　围桩平面布置示意图

2.3.2.2　模型简化

本书的三维数值计算模型对围桩-土耦合式抗滑桩加固边坡的实际情况进行了以下几方面的简化：

（1）将滑体、滑带和滑床作为三种均质岩土体，分别进行处理。

（2）对于滑坡横向计算域，考虑对称性，在坡体横向上取两根耦合式抗滑桩为研究对象，耦合式抗滑桩外侧计算域均取耦合式抗滑桩间距 L 的一半即 $L/2$；

（3）对于围桩-土耦合式抗滑桩，拟定围桩直径 $d=0.5$ m，围桩桩长 $H=14.2$ m，其中受荷段长度 $h=8.2$ m（包括贯穿滑体部分 8 m 和贯穿滑带部分 0.2 m），锚固段长度 $h'=6.0$ m，约为 $2H/5$；耦合式抗滑桩桩位设置在滑体的中前部（图 2-21），设桩位置处滑带倾角为零，即粗略认为该处滑坡推力为水平方向，故取 xy 平面上 σ_{xx} 应力场进行分析。

（4）对于边界条件，考虑对称性，模型两侧边界采用 y 向约束，前后边界采用 x 向约束，底面边界采用 z 向约束。

三维模型见图 2-26。

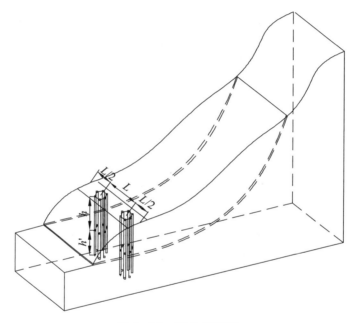

图 2-26　三维模型图

2.3.2.3　单元划分

根据以上情况进行模型概化及不同平面布置方案分析。关于具体单元划分，尽管 FLAC3D 采用内置网格生成器配合 FISH 语言可以生成一些较为复杂形状的网格，但这要求用户具有较高的编程水平，而且 FLAC3D 的网格和几何模型是同时生成的，不利于复杂形状网格单元的连接、匹配和修改。鉴于此，本书前处理采用更为方便的有限元软件 ANSYS 建立模型中具有曲面的坡体并对其进行单元划分，然后利用转换接口导入 FLAC3D 软件。该部分坡体采用六面体单元进行 sweep 划分，单元划分如图 2-27 所示。

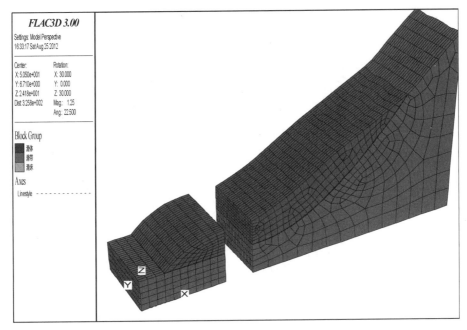

图 2-27　单元划分图

　　耦合式抗滑桩桩体及附近坡体在 FLAC3D 中建立并划分单元，围桩采用实体单元，桩顶冠梁采用 beam 单元，围桩-土界面采用无厚度接触面单元——interface 单元。单元划分如图 2-28 和图 2-29 所示。

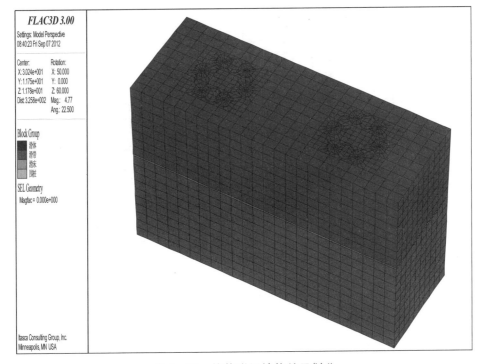

图 2-28　桩体附近坡体单元划分

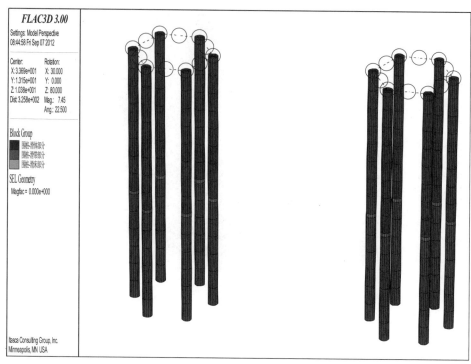

（a）正六边形布置

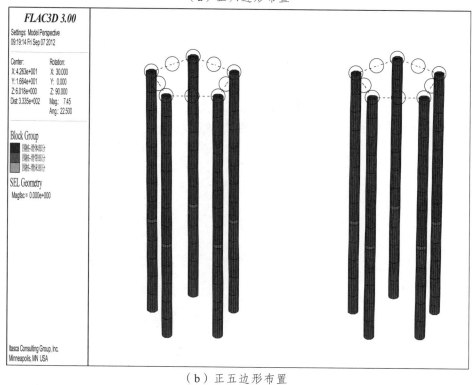

（b）正五边形布置

图 2-29　桩体单元划分

2.3.2.4 计算参数的确定

岩土材料本构模型采用莫尔-库仑塑性模型，服从莫尔-库仑等面积圆屈服准则；桩体采用各向同性弹性模型。室内试验给出各部分岩土体参数：滑体土体黏聚力 $c = 36.6\ \mathrm{kPa}$、内摩擦角 $\varphi = 28°$、容重 $\gamma = 19\ \mathrm{kN/m^3}$，滑带（即软弱夹层）黏聚力 $c = 30 \sim 60\ \mathrm{kPa}$、内摩擦角 $\varphi = 10° \sim 15°$、容重 $\gamma = 19\ \mathrm{kN/m^3}$，滑床岩土体黏聚力 $c = 570\ \mathrm{kPa}$、内摩擦角 $\varphi = 43°$、容重 $\gamma = 20\ \mathrm{kN/m^3}$。各岩土体物理力学指标依据室内试验并结合工程地质手册确定，具体数据见表 2-3。

表 2-3 计算参数表

模型中的组	c/Pa	$\varphi/(°)$	$\gamma/(\mathrm{N \cdot m^{-3}})$	剪切模量/Pa	体积模量/Pa
滑体	3.66×10^4	28	1 900	1.20×10^7	2.0×10^7
滑带	3.0×10^4	13	1 900	3.85×10^6	8.33×10^6
滑床	5.7×10^5	43	2 000	3.82×10^8	5.54×10^8
桩体			2 500	8.93×10^9	8.77×10^9

注：滑体 $\mu = 0.25$，滑带 $\mu = 0.30$，滑床 $\mu = 0.22$。

对于桩-土接触，采用分段建立接触面的方式进行处理，包括桩与滑体的接触面、桩与滑带的接触面和桩与滑床的接触面，并分段赋予相应的参数。根据手册，法向刚度 k_n 和剪切刚度 k_s 的计算公式为：

$$k_\mathrm{s} = k_\mathrm{n} = 10\max\left[\frac{\left(K + \dfrac{4}{3}G\right)}{\Delta z_{\min}}\right]$$

式中：K 是体积模量；G 是剪切模量；Δz 是接触面法向连接区域的最小尺寸。接触面上的 c、φ 值取与桩相邻土层的 c、φ 值的 0.8 倍左右。

2.3.3 计算结果及其分析

首先，采用弹性求解法生成初始应力场。其次，将本构模型、体积模量和剪切模量设置为上节已经确定的本构模型和计算参数，并设置变形为大变形。最后，采用 FLAC3D 默认的收敛标准计算至最终平衡状态，得出计算结果。

2.3.3.1 围桩根数及布置角度的合理性分析

从桩内土体应力场和围桩-土水平位移两个方面，分析各方案中围桩-土的耦合效果，进而确定合理的围桩根数及布置角度。

1. 应力场分析

根据耦合式抗滑桩内部及附近区域土体的水平应力场分布情况判断围桩-土的耦合作用。围桩间土拱效应越强，尤其是中间及后排围桩间土拱效应越强，则桩-土耦合作用越强，布桩形式越合理。选取滑带以上 2 m 位置处水平截面为代表性截面，绘制不同方案下该截面 σ_{xx} 应力场的等值线图，见图 2-30。

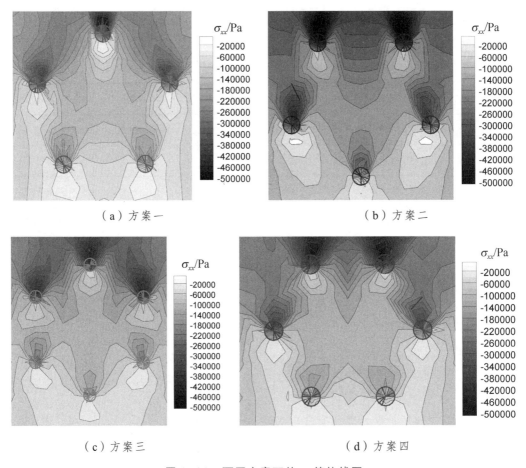

（a）方案一　　　　　　　　　　　（b）方案二

（c）方案三　　　　　　　　　　　（d）方案四

图 2-30　不同方案下的 σ_{xx} 等值线图

由图 2-30 可以看出，方案一、方案二和方案三中相邻围桩间均未能形成良好的土拱效应，而方案四中相邻围桩间的土拱效应则较为明显。可见，方案四的布置形式最为合理。

2. 位移场分析

根据围桩与土的水平位移情况判断围桩-土的耦合作用。桩内土体水平位移与围桩水平位移越一致，则两者耦合作用越强，布桩形式越合理。把滑带与滑床交界处对应的桩身截面位置定为零高度（下同），绘制不同方案下围桩及土体水平位移曲线，见图 2-31。

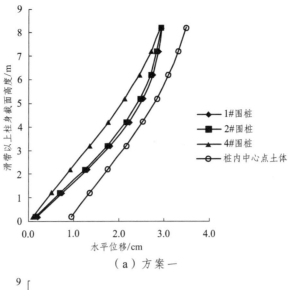

（a）方案一

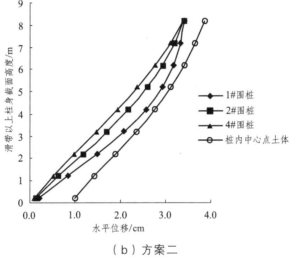

（b）方案二

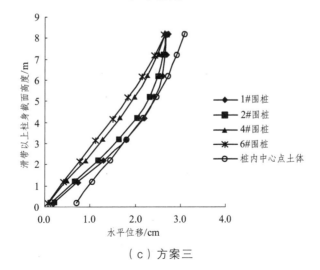

（c）方案三

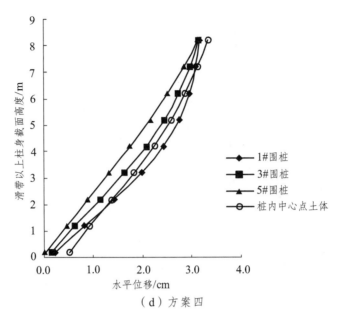

（d）方案四

图 2-31　不同方案下围桩–土的水平位移

由图 2-31（a）、（b）、（c）可以看出，桩内中心点处土体的水平位移明显大于其后侧围桩的水平位移，变形不连续、不协调，这种水平位移的差异直观的表现就是桩内土体与后侧围桩剥离，从而切断了后侧围桩向桩内土体传递应力的途径，围桩与桩内土体不能形成耦合。

由图 2-31（d）可以看出，桩内土体位移小于其后侧的 1#围桩，与同一横截面的3#围桩基本一致，大于其前侧的 5#围桩。这种变形的连续和协调为围桩与桩内土体之间应力的传递提供了传递路径，从而能够形成良好的耦合。可见，方案四的布置形式最为合理。

根据以上对各方案的桩内土体应力场和围桩-土水平位移的分析，确定围桩根数及布置角度如图 2-21（d）方案四所示。

2.3.3.2　围桩间距 S 的合理性分析

确定了围桩的根数及布置角度后，围桩间距就成了平面布置形式中有待确定的关键因素。此处依然从桩内土体应力场和围桩-土水平位移两个方面，分析各方案中围桩-土的耦合效果，进而确定合理的围桩间距。

1. 应力场分析

选取滑带以上 2 m 位置处水平截面为代表性截面，分别绘制方案五和方案六中该截面 σ_{xx} 应力场的分布图，见图 2-32。

比较图 2-32 和图 2-31（d）可知，随着围桩间距的增大，围桩间土体应力等值线分布变疏，围桩间土拱效应减弱。这就说明，围桩-土耦合作用随着围桩间距的增大而减弱。然而，这只是说明了围桩-土耦合作用随围桩间距的变化趋势，仅凭这一点不能确定合理的围桩间距，故需从围桩与桩内土体的位移情况进一步分析。

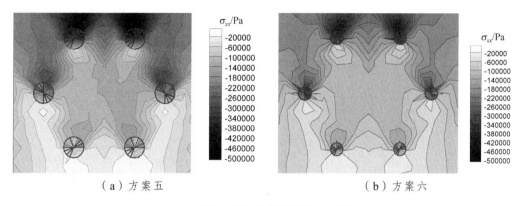

（a）方案五　　　　　　　　　　（b）方案六

图 2-32　不同方案下的应力场分布

2. 位移场分析

分别绘制方案五和方案六中围桩及桩内土体的水平位移曲线，见图 2-33。

比较图 2-31（d）和图 2-33 可知：

围桩桩间距越小，桩内土体与围桩在位移上越一致，说明围桩-土整体性越强，围桩-土耦合效果越好。且当围桩间距由 $4d$ 减小到 $3d$ 时，耦合效果增强幅度并不明显。但是，当围桩间距由 $4d$ 增加到 $5d$ 时，桩内中心点土体水平位移明显大于 3#围桩，且在桩顶 2 m 和滑带以上 2.5 m 范围内的水平位移大于 1#围桩，耦合效果明显减弱。故选取合理围桩间距为 $S = 4d$。

根据以上计算和分析，选定围桩间距 $S = 4d$。

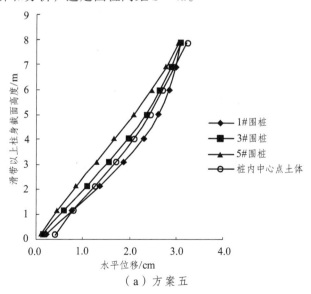

（a）方案五

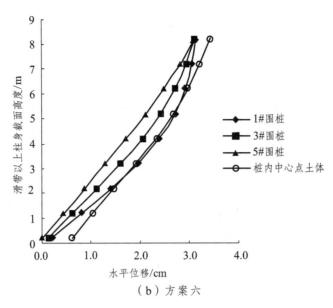

图 2-33 不同方案下围桩-土的水平位移

2.4 本章小结

（1）将围桩呈不同的正多边形布置，获得相应组合结构的抗弯惯性矩，即形成围桩-土耦合结构。通过桩土耦合的抗弯刚度计算，进行桩土分离和桩土耦合算法对比分析，给出了不同围桩间距下的抗弯刚度计算式。分析了抗弯刚度与桩数、桩径、围桩间距、等效直径的关系，得出桩数为 6、桩间距在 3~5 倍围桩直径时所得的抗弯刚度值较大，且较为合理。

（2）从围桩结构的内部稳定性出发分别确定了结构内各围桩间距，通过桩间土拱理论和桩的绕流阻力法共同控制得出桩间距的计算式；同时基于各围桩之间的小土拱均存在的假定，得出了结构的耦合影响直径的计算式，并分析了影响直径与桩数、桩径、围桩间距、外接圆直径的关系，得出桩数为 5、6，桩间距在 3~4 倍围桩直径时，结构所获得的耦合影响范围较大。

（3）对实际模型进行简化，建立围桩-土耦合结构滑坡治理的三维数值模型，然后根据围桩附近及其内部所围土体的应力场分布和围桩与土体的水平位移情况，揭示了围桩根数及布置角度对围桩-土耦合效果的影响。依据耦合效果确定了耦合式抗滑桩合理的平面布置形式：① 围桩按正六边形布置较按正五边形布置的耦合效果好，选用正六边形平面布置形式合理。② 围桩间距 $S = 4d$ 时，围桩-土耦合效果较好。

第 3 章 耦合结构的模型试验

3.1 概 述

上述确定的围桩-土耦合结构的平面布置形式，主要基于土拱理论的基本假设。为进一步研究此类耦合结构加固滑坡体的工作机理，我们开展了室内模型试验。耦合结构能否有效形成桩土耦合特性在很大程度上取决于桩的布置形式、滑坡岩土体的性质等因素。

试验针对某黏性土滑坡，该滑坡体主要为全新统，以黏土、粉质黏土为主并夹杂碎石，基岩与上部第四系地层已成角度不整合接触。滑体在靠近上缘的第四系堆积物中已形成滑面，而滑体下部将沿基岩面滑动。室内试验给出的岩土强度指标：黏聚力 $c = 110 \sim 150 \text{ kPa}$，内摩擦角 $\varphi = 13° \sim 15°$。以下将采用围桩-土耦合结构加固方案，具体采用 6 根直径为 0.4 m 的钢筋混凝土圆形围桩构成，桩间距采用 4 倍桩径即为 1.6 m，桩长 14 m，埋入滑床 2/5 桩长，桩顶用刚性连系梁连接，厚度为 0.4 m，围成正六边形柱体结构。

3.2 模型试验设计

3.2.1 相似原理

模型试验以相似理论为基础，在满足几何相似、物理相似、运动相似的前提下，建立原型和模型试验之间的相似关系，从而保证模型试验中出现的物理现象与原型相似。但在研究中由于影响因素较多，往往侧重于满足以下两个方面的相似关系来进行模型试验研究。

几何方面：几何相似比

$$C_L = \frac{L_P}{L_M} \qquad (3\text{-}1)$$

物理方面：应力相似比

$$C_\sigma = \frac{(\sigma_x)_P}{(\sigma_x)_M} = \frac{(\sigma_y)_P}{(\sigma_y)_M} = \frac{(\tau_{xy})_P}{(\tau_{xy})_M} \qquad (3\text{-}2)$$

体积力相似比 $\qquad C_X = \dfrac{X_{\mathrm{P}}}{X_{\mathrm{M}}} = \dfrac{Y_{\mathrm{P}}}{Y_{\mathrm{M}}}$ （3-3）

由弹性力学平面问题解得力学平衡关系如下：

$$\begin{cases} \dfrac{\partial(\sigma_x)_{\mathrm{P}}}{\partial x_{\mathrm{P}}} + \dfrac{\partial(\tau_{xy})_{\mathrm{P}}}{\partial y_{\mathrm{P}}} + X_{\mathrm{P}} = 0 & （3\text{-}4）\\[3mm] \dfrac{\partial(\sigma_y)_{\mathrm{P}}}{\partial y_{\mathrm{P}}} + \dfrac{\partial(\tau_{xy})_{\mathrm{P}}}{\partial x_{\mathrm{P}}} + Y_{\mathrm{P}} = 0 & （3\text{-}5）\end{cases}$$

将式（3-1）~式（3-3）代入式（3-4）、式（3-5）得：

相似准则 $\qquad \dfrac{C_X C_L}{C_\sigma} = 1$ （3-6）

其中：C_L——几何条件相似系数；

$\qquad C_X$——体积力上的相似系数；

$\qquad C_\sigma$——应力上的相似系数；

$\qquad L_{\mathrm{P}}$——原型几何尺寸；

$\qquad L_{\mathrm{M}}$——模型几何尺寸；

$\qquad (\sigma_x)_{\mathrm{P}}$——原型任意点在 x 方向的应力值；

$\qquad (\sigma_y)_{\mathrm{P}}$——原型任意点在 y 方向的应力值；

$\qquad X_{\mathrm{P}}$——原型任意点在 x 方向上的力；

$\qquad Y_{\mathrm{P}}$——原型任意点在 y 方向上的力；

$\qquad (\tau_{xy})_{\mathrm{P}}$——原型任意点剪力值。

3.2.2 模型材料的选择

模型桩：在结构模型试验中，常常采用混凝土、细石混凝土、石膏混合料作为模型材料来模拟钢筋混凝土，且可取得比较好的效果。也有对钢管注浆微型桩的模型试验采用铝管、波纹管中灌注水泥砂浆进行模拟处理的。本书试验原型虽然是钢筋混凝土桩，但桩径较小，按照相似比关系，结构模型制作成小口径的混凝土桩比较困难，考虑到研究的是单个结构，其桩顶需要采用连系梁刚性连接，且木桩制作方便并具有一定的弹性，所以本试验采用普通杉木桩作为模型围桩，以充分利用木桩的优点。考虑到木材的纹理性，桩顶连系梁采用樟木制作而成，能够保证在试验过程中连系梁不易发生开裂破坏。

桩径按组数的要求分别采用直径 20~30 mm，桩长 L 为 600~800 mm，连系梁采用宽度为 35~45 mm、厚度为 40 mm 的樟木板。为了保证连系梁与各围桩的牢固连接，减少制作加工中结构尺寸的误差，耦合结构采用木材加工厂预制而成，如图 3-1 所示。

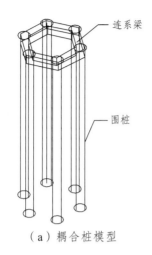 

（a）耦合桩模型　　　（b）耦合桩实体

图 3-1　耦合结构

　　围桩的弹性模量测定，考虑到材料在弹性范围内，木材的抗压与抗拉弹性模量基本相等，本试验只进行木材的抗拉弹性模量测试。取 300 mm 长，直径为 20 mm 的杉木桩，在 150 mm 处桩身处粘贴一对应变片，沿桩周对称布置，并在桩身另一点粘贴一应变片，作为温度补偿片，如图 3-2 所示。连接方式采用半桥连接，线路接通后连接电阻式应变仪，桩的两端连接在力学拉伸试验机上，记录上述施加力与应变仪读数。

　　由材料力学公式：

$$\sigma = E\varepsilon \tag{3-7}$$

得
$$E_{模型桩} = \frac{T}{A\varepsilon} \tag{3-8}$$

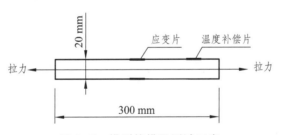

图 3-2　模型桩模量测试示意

　　由图 3-3 计算可知，模型桩抗拉弹性模量为 9 284 MPa。

　　滑坡体：滑坡体主要为黏性土材料，滑床为千枚岩，由于很难取得与原型一致的岩土体材料进行试验，结合相似关系，滑床土与滑坡体均采用孔目湖周边的黏性土作为滑体材料。经室内土工试验测定其含水率为 15.2%，滑坡体容重为 17.2 kN/m³，黏聚力为 27.2 kPa，内摩擦角为 22.3°；分层填筑，控制其压实后滑坡体容重为 19 kN/m³，滑床的压实容重为 24 kN/m³, 即保证不同的压实度; 滑面形状采用圆弧形, 并铺设双层塑料薄膜作为滑动分界。

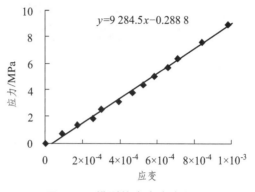

图 3-3　模型桩应力应变关系

模型箱: 采用试验箱 1 250 mm (长) × 400 mm (宽) × 1 000 mm (高), 进行角钢加固, 使模型箱具有一定的刚度。其中一侧采用白铁皮, 以减小滑坡体侧向的摩擦, 另一侧为观察和控制填筑高度而采用有机玻璃面, 如图 3-4 所示。

加载装置: 为模拟滑坡推力, 通常采用在滑坡顶部施加重物, 使之在土体中产生水平侧向应力, 促使滑坡体滑动。也有学者通过杠杆原理, 使之转变为水平方向的力, 此法一般适用于水平力直接作用于桩体的情况, 即在主动桩试验中较为普遍。针对本试验, 由于水平方向的推力作用点位置会因桩长和滑坡体的高度而发生变化; 因此, 本试验在模型箱左侧采用钢板加固, 并作为反力架, 在中部焊接一块宽度为 100 mm、长度为 500 mm 的槽钢。为了能使千斤顶上下可以任意固定, 在槽钢中部切一条宽为 10 mm 的切口, 长度为 400 mm, 将螺栓穿过切口, 通过螺母拧紧, 即可将千斤顶底座固定在任意高度上, 如图 3-4 所示。

图 3-4　模型箱及加载装置

试验相似比： 通过上述确定的模型材料，参数如表 3-1 所示。试验的桩体的几何相似比 C_L 为 1：20，桩体的弹性模量通过测定为 9 284 MPa，普通钢筋混凝土桩的弹性模量通常为 14～23 GPa，两者的弹性模量相似比 $C_E = 1：2$，滑坡体的容重、黏聚力、内摩擦角可近似为 1：1，虽几何相似比与物理相似比存在差异，但试验主要探讨耦合结构受力的变化规律和滑坡体内部的应力变化特征，并不强调数据的量化，所以可以展开试验，并假定滑坡体两侧的侧向应力刚好与模型侧向约束等效。

表 3-1　原型与模型材料参数对照

参数	桩径 D/mm	桩长 L/mm	桩弹性模量 E/GPa	滑体容重 γ /(kN/m³)	黏聚力 c/kPa	内摩擦角 φ /(°)
原型	400	14 000	14～23			
模型	20	700	9.84	17.2	27.2	22.3

3.2.3　测试元件

应力传感器： 为了模拟滑坡的滑动，采用液压式千斤顶在模型箱的左侧施加水平荷载，为了更好地控制千斤顶施加荷载的大小，在千斤顶的顶部必须连接应力传感器，传感器量程为 0～50 kN，是华东电子仪器厂生产的（型号为 BHR-4）。在试验加载前，应做好标定工作，本试验采用万能试验机进行加压标定，标定曲线如图 3-5 所示。

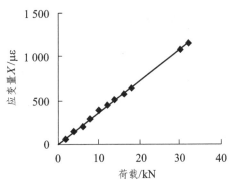

图 3-5　千斤顶标定曲线

由图可得

$$T = 36.405X - 4.711\ 2 \tag{3-9}$$

式中：T——推力值（kN）；

X——应变值（$\mu\varepsilon$）。

在传感器前端放置一块推力板，采用 350 mm × 350 mm、厚度为 10 mm 的钢板，试验中尽量使千斤顶的端部安置在滑坡体的中部，通过推力板的传递，使之产生均布荷载，并通过计算确定滑坡模型产生滑动所需要的滑坡推力大小，综合考虑模型箱的边界摩擦效应，分级进行加载。

土压力盒：量程为 0～0.5 MPa，共计 40 个，主要用于测量土体的应力大小，以全桥连接方式，根据分组的要求，分别进行埋设。对于无标定曲线或使用 1 年以上的土压力盒，应该对土压力盒的灵敏性和应力应变值进行重新标定。由于本试验中有一部分是原有土压力盒，因此使用前应进行标定，本次采用自制砂标确定标定曲线。具体步骤如下：

（1）确定砂标桶。为研究方便，结合试验室的情况，本试验采用了固结仪试验装置中的固结容器，如图 3-6 所示。

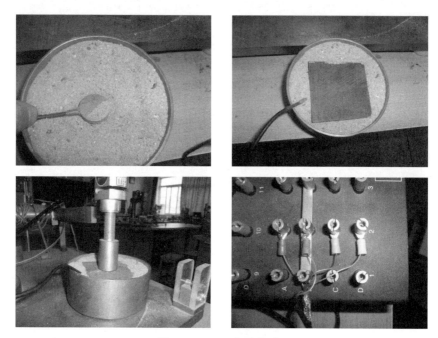

图 3-6　土压力盒标定

（2）将固结容器放置在多功能力学试验台上，并在容器内放置干砂，至一半深度后在顶部放置自制压力板，施加压力使砂压密。

（3）将土压力盒受力面朝上，平放置于砂顶面。

（4）再继续填筑桶内的砂，使之填至桶顶面，并尽量压密后，于顶部放置承压板。

（5）土压力盒 4 个接线段以全桥方式连接电阻式应变仪上的 4 个接点，调整好仪器各项参数（阻值 120 Ω、灵敏系数 2.0 等），并使读数归零后记录数据。

（6）通过逐级加压，记录各级荷载下的应变仪读数。

通过上述标定试验可得到各编号的土压力盒的标定曲线，现对编号为 2 的土压力盒的标定曲线（图 3-7）加以说明。

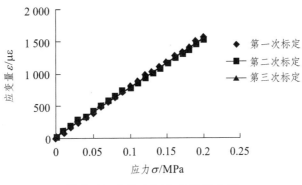

图 3-7　2 号土压力盒标定曲线

从曲线图形分布来看，三次标定试验所得的曲线基本重合一致，并且呈线性变化。通过线性关系可以得到对应的标定曲线的线性方程：

$$\sigma = 7\,598.7\varepsilon + 29.22 \tag{3-10}$$

式中：σ——土体中测试点的土压力值（MPa）；

ε——应变仪的读数。

应变片：本试验采用浙江黄岩测试仪器厂的 BX120-2AA 型电阻式应变片，电阻为 120Ω，灵敏系数为 2.08，栅长为 2 mm，宽为 1 mm，一般采用半桥接线方式。通过测试桩身应变，求得应力，最后反算出测试点的弯矩值。

对于圆形截面，桩身任一点的弯矩为：

$$M = E\frac{\varepsilon_{\text{拉}} + \varepsilon_{\text{压}}}{2} \times \frac{I}{d/2} = EI\frac{\varepsilon_{\text{拉}} + \varepsilon_{\text{压}}}{d} \tag{3-11}$$

式中：$\varepsilon_{\text{拉}}$、$\varepsilon_{\text{压}}$——围桩桩身各点的拉应变、压应变。

百分表：用于测定耦合结构的水平位移和竖向位移，量程为 0 ~ 30 mm。

3.2.4　试验方案设计

根据上述模型材料及测试元件的选取，为了进一步研究耦合结构加固滑坡的工作机理，主要进行两个方案：方案一，通过埋设土压力盒和安置百分表，主要观测在水平推力作用下，耦合结构前后应力变化规律，进一步验证耦合结构是否存在耦合性。通过不同的三级围桩间距，分别展开试验，其变化规律趋势基本一致，采用一组规律性强的作详细分析。方案二，重点测试各围桩前后的土压力变化、各围桩桩身弯矩变化规律，进一步说明耦合结构的存在及耦合整体效应。

3.3　模型试验的过程及成果分析

3.3.1　方案一模型试验

3.3.1.1　试验步骤

（1）木材加工厂制作好的耦合结构，其表面用桐油作防潮处理，放置在一边晾干。

（2）在模型箱内填筑 100 mm 黏性土作滑床基础，用自制夯土板夯实基础，并在表面用石灰粉作耦合结构埋设点的标记，将结构安放于模型箱指定位置。为了防止在填土过程中可能会引起的耦合结构偏位，可先在结构顶部加一重物来固定结构。

（3）分层填筑滑床，每 100 mm 一层，控制压实容重，并保持围桩内外具有相同的压实度。当填筑至各土压力盒位置时，应及时埋设各层土压力盒。在埋设过程中，每个土压力盒应先与应变仪连接好，再试压一下土压力盒，观察应变仪读数的变化，若无变化，则查清原因后再进行埋设；同时注意土压力盒的正反面位置，并保证土压力盒与周围土体紧密接触，防止出现落空现象。每埋设一个及时记录土压力盒编号及相应位置，以免混淆。

（4）当土填筑至离模型箱底部 45 cm 时先夯实土体，再按模型箱中有机玻璃观测面上的白色标记进行削坡处理，形成预设的圆弧形滑动面。

（5）在滑动面上铺设双层塑料薄膜作分界材料，继续分层填筑滑体，按要求布设土压力盒。

（6）在耦合结构模型后侧及千斤顶传感器前端放置推力板，并通过液压千斤顶不断增压，千斤顶伸长使传感器与推力板刚好接触。

（7）在耦合结构连接梁处布设百分表，待滑坡体模型、土压力盒、千斤顶、百分表都安置好后，接通电源，预热应变仪，并进行读数归零，使读数无漂移。

（8）按 0.2 kN 逐级加载，每级至少加载 1 h，待土压力盒的读数稳定后记录；同时记录百分表读数，进行下一级加载。当水平位移达到 6 mm（桩长的 1%）时停止加载。

破坏标准：在侧向观察面上出现滑面贯通，产生整体变形，并且所观测到的土压力急剧变化，说明滑体和滑面之间产生了较大的滑移，可认为滑体破坏，模型耦合结构失效。

3.3.1.2　试验图示

模型试验方案一平面图见图 3-8。耦合结构的布设、土压力盒的布设等过程分别见图 3-9～图 3-14。

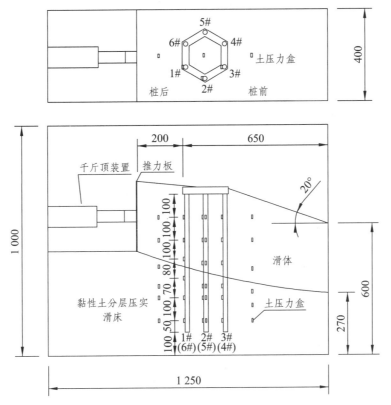

图 3-8 方案一试验图示（单位：mm）

图 3-9 耦合结构的布设

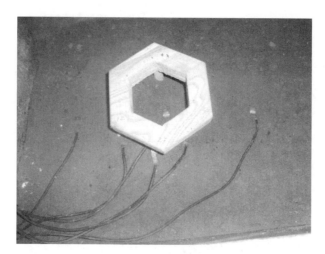

图 3-10　土压力盒的布设

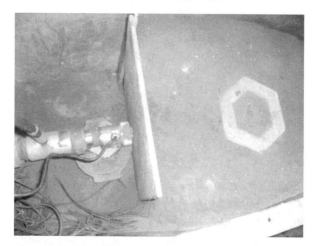

图 3-11　千斤顶加载

图 3-12　百分表布置

图 3-13 滑坡体中的结构

图 3-14 试验拆除过程中的桩土耦合

3.3.1.3 试验结果与分析

1. 耦合结构的后、中、前侧土体所受的土压力

如图 3-15～图 3-17 所示,在平面位置上距推力板最近的围桩后,土压力相对较大。在传力过程中,由于耦合结构参加工作,最大土压力出现在滑动面以上约桩长的 10% 处,土压力图基本上呈抛物线分布。在滑面以下,因结构 2/5 的桩长锚固于滑床中,测得的土压力值均比较小,其数值在 5 kPa 以内。在桩后、桩中出现了负土压力,呈三角形分布,我们认为此时土压力盒处于脱空或基本不受力状态。滑坡推力主要由结构和滑体共同承受,耦合结构前侧存在土压力,但数值较小,并呈三角形分布。

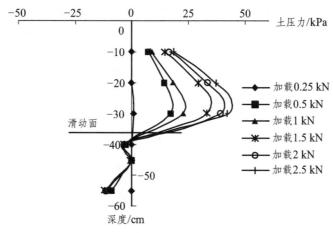

图 3-15　耦合结构后侧土体土压力分布

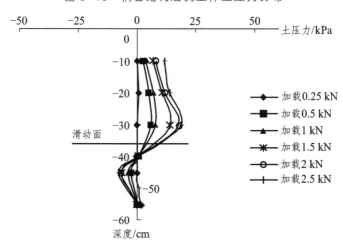

图 3-16　耦合结构中间土体土压力分布

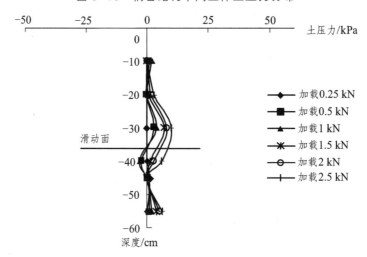

图 3-17　耦合结构前侧土体土压力分布

2. 耦合结构内各围桩土压力

耦合结构内各围桩土压力分布如图 3-18 ~ 图 3-20 所示。

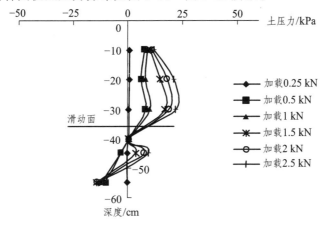

图 3-18 1#围桩后侧土压力分布

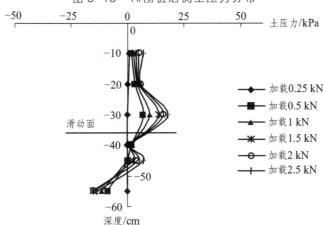

图 3-19 2#围桩后侧土压力分布

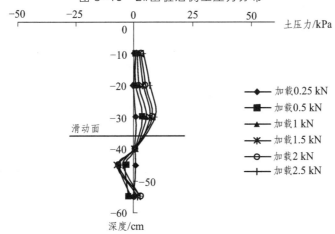

图 3-20 3#围桩后侧土压力分布

从图 3-18 ~ 图 3-20 可以看出：1#、2#围桩在滑动面以上抗滑段内，土压力图抛物线分布，在加载至 2.5 kN 时，2#围桩的土压力数值为 21 kPa，略小于 1#围桩的土压力数值 24 kPa，在滑动面以上约为桩长的 10%附近出现土压力最大值；3#围桩后土压力 10 kPa 明显小于 1#、2#围桩，其值约为前排的 1/2；在锚固段范围内，随外荷载增大，1#、2#围桩的桩后土压力由负变为正，即可认为先不受力，后开始受力，其分布图形为三角形；3#围桩锚固段出现负土压力，其值相对较小，呈抛物线分布。

3. 结构的桩-土耦合方面

从上述各土压力分布图示可以得出：在各级荷载作用下，耦合结构内部、1#围桩所受的土压力在抗滑段内变化规律和数值基本一致，2#围桩略小于前者；当加载为 2.5 kN 时，耦合结构内部土体中测得滑动面附近最大的土压力为 22.4 kPa，1#围桩后侧测得的滑动面附近土压力为 24 kPa，2#围桩后侧测得的滑动面附近土压力为 21 kPa，说明 1#围桩、2#围桩与耦合结构内部滑坡土体之间能够出现耦合效应，桩土耦合体能够共同抵抗外荷载。各点位测得的压力值基本相同，说明共同体土体内部不产生相对位移，是一个整体移动。而 3#围桩土压力分布近似呈抛物线，但值小于 1#、2#围桩，约为前者的 1/3。这是因为滑坡推力主要由后排的桩土分担，最后再传递给 3#围桩，故所测得土压力相对较小。

4. 滑动面处各测点的土压力

如图 3-21 所示，在滑面以上 10%桩长处的抗滑段内，以滑坡体后缘（千斤顶加载处）建立原点坐标，沿滑动方向建立横坐标，以土压力值为纵坐标，随着外荷载的增大，各点土压力值不断增大；在同一级荷载时，远离加载位置不断减小。但在 2#围桩、桩中、3#围桩位置处，土压力减小缓慢，基本保持不变，说明结构能够形成桩土耦合。

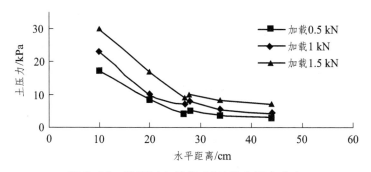

图 3-21　滑面以上桩长 10%处土压力分布

5. 桩顶位移

如图 3-22 所示，桩顶水平位移随着荷载的增大而增大。当加载至 2.5 kN 时，位移达到 7 mm，停止加载。

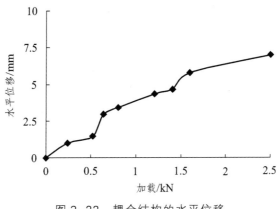

图 3-22　耦合结构的水平位移

3.3.2　方案二模型试验

方案二采用桩径为 20 mm、围桩间距为 80 mm、桩长为 600 mm 的杉木桩,桩顶采用连梁连接,正六边形布置成耦合结构埋设于滑坡体中,重点测试桩身弯矩和滑动面处沿滑动方向的土压力变化。具体布置见图 3-23 和图 3-24 所示。

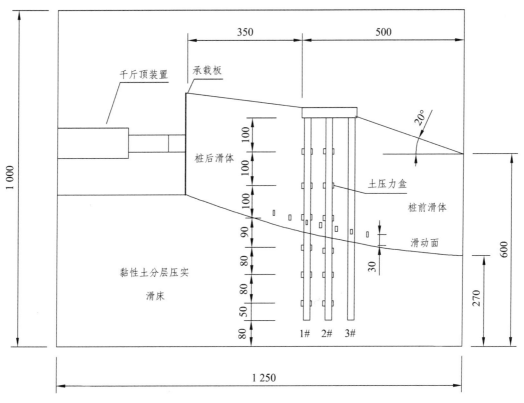

图 3-23　方案二试验立面（单位: mm）

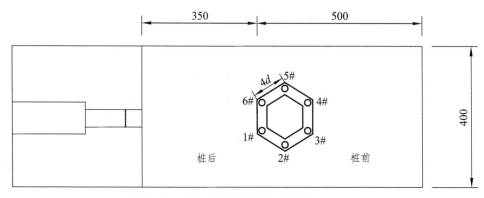

图 3-24　第二组试验平面（单位：mm）

3.3.2.1　试验步骤

1. 准　备

将制作好的耦合结构，先作一层防潮处理，并在围桩桩身处画好应变片粘贴标记线。

2. 粘贴应变片

先将各测点处用砂纸打磨，除去表面杂质，并用丙酮清洗干净，将表面吹干。在粘贴点附近涂一层 502 胶水，将应变片平整地贴在指定位置。在粘贴过程中，应变片表面盖一层塑料薄膜，手指用力按住应变片，使之与桩身完全粘贴牢固。

在粘贴过程中，由于外界气温低，若应变片无法粘贴于桩身各测点处，则可先将模型桩用吹风机先吹热风加热，再采用 502 胶水进行粘贴。

粘贴好应变片后，还需要在各测点附近用 502 胶粘贴接线端子，并保证各接线端子粘贴牢固可靠；再将两根导线、应变片的引出线和接线端子用电烙铁一起焊接，将应变片的连接导线用胶带固定于桩身上，并用标签做好标记。

将各应变片的连接导线分别接入应变仪，检查接线是否正常，若出现零漂现象，应立即查明原因，确保应变片的粘贴质量。

3. 耦合结构防潮处理

在桩身上各测点应变片全部粘贴完成后，因耦合结构最终埋设于滑坡土体中，必然会受到水的影响，故在埋设之前，还需要进行防潮处理。在桩身范围内全部涂上 703 胶水，待其完全凝固后，进一步检查应变片各连接线是否处于正常状态。

4. 各滑坡体及土压力盒的布设

此项要求与标准同方案一试验，但注意填筑过程按图 3-25 ~ 图 3-28 所示布设土压力盒，即可填筑完模型。

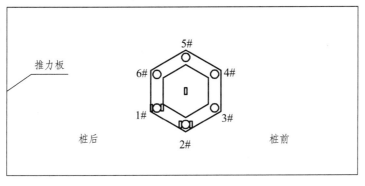

图 3-25 滑面以下各层土压力盒的布设

图 3-26 桩身应变片布设（单位：mm）

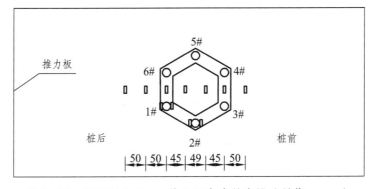

图 3-27 滑面以上 5 cm 处土压力盒的布设（单位：mm）

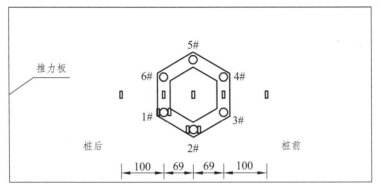

图 3-28 滑面以上 20 cm 处土压力盒的布设（单位：mm）

3.3.2.2 试验图片

第二组试验照片见图 3-29。

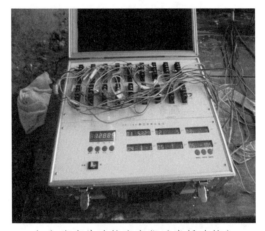

（a）应变片连接应变仪（半桥连接）

（b）耦合结构在滑坡体内的布设

图 3-29 第二组试验照片

3.3.2.3　试验结果

1. 各围桩的桩后土压力分布

通过埋设土压力盒，测试 1#、2#围桩的桩后土压力分布情况，见图 3-30 和图 3-31：在滑动面以上土压力呈正三角形分布，并且在滑动面附近出现最大值，当加载至 3 kN 时，1#围桩的最大值为 6.5 kPa，2#围桩的土压力最大值为 6 kPa；而滑动面以下锚固段内，桩底以上 10 cm 处出现土压力负值，说明此处的土压力盒存在脱空现象或土压力盒不受力，在滑动面以下至脱空处深度范围内，土压力呈倒三角形分布。

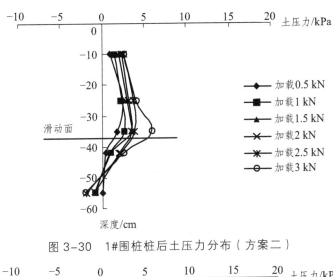

图 3-30　1#围桩桩后土压力分布（方案二）

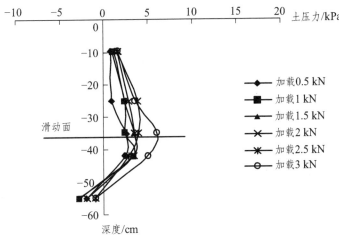

图 3-31　2#围桩桩后土压力分布（方案二）

2. 耦合结构的桩中土体的土压力分布

将土压力盒埋设于耦合结构的中心处，其土压力分布如图 3-32 所示：滑动面上基本呈三角形分布，在滑动面以上 3 cm 处出现最大值；在滑动面以下，土压力变化较为复杂，随深度先减小再增大最后减小，在桩底 10 cm 处呈负值。

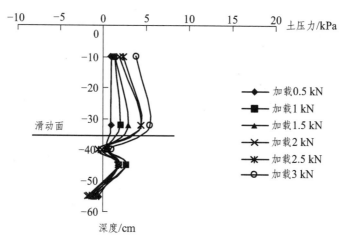

图 3-32　耦合结构桩中土体土压力分布（方案二）

从土压力的数值上来看，滑动面以上围桩 1#、2#、耦合结构桩中土体的土压力分布大致相同，且最大值也基本相同，说明结构能够形成桩土耦合体，滑坡推力作用在结构上是一个整体作用。

3. 各围桩的桩前土压力分布

根据各围桩的桩前土压力测试，可以得出桩前的土压力分布，从 1#、2#围桩的分布图（图 3-33、图 3-34）来看，在滑动面以上土压力都呈倒三角形分布，在桩顶附近出现最大值（达到 50 kPa）。

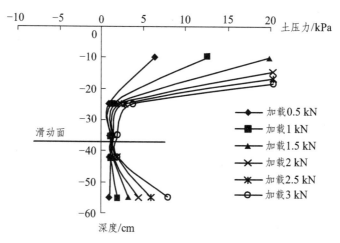

图 3-33　1#围桩桩前土压力分布（方案二）

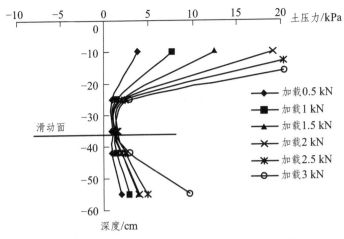

图 3-34   2#围桩桩前土压力分布（方案二）

随着外荷载的增大，其土压力值在桩顶处从 0 增大至 33.46 kPa。在各级荷载作用下，1#围桩的桩前土压力略大于 2#围桩；当加载至 3 kN 时，1#围桩在桩身 10 cm 处出现最大值 46 kPa，2#围桩在桩身 10 cm 处出现最大值 35 kPa。而在滑动面附近只存在较小的土压力值，其值约为 2.5 kPa。在锚固段内，土压力呈正三角形分布，在桩底附近出现最大值。

4. 沿滑动方向的各土压力分布

在方案一试验基础上，我们经分析认为在滑动面处会出现土压力的最大值。滑面以上不同深度处沿滑动方向上岩土体内的土压力分布如图 3-35、图 3-36 所示。

从滑面以上 5 cm 深度处和滑面以上 20 cm 深度处的土压力分布图来看，在同级荷载作用下，土压力沿滑动方不断减小，其中在耦合结构位置处，即水平距离在 35～45 cm 范围内，滑动方向土压力值基本保持不变。这说明耦合结构内部的岩土体任一点处土压力值基本一致，存在桩土耦合体效应。

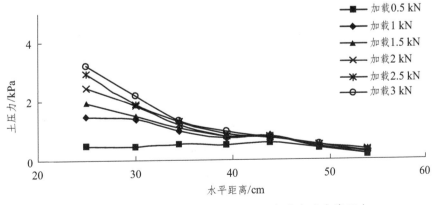

图 3-35   滑动面以上 5 cm 处的土压力分布（方案二）

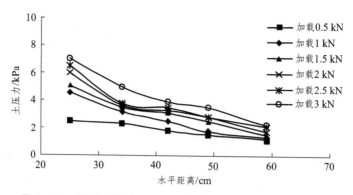

图 3-36　滑动面以上 20 cm 处的土压力分布（方案二）

5. 各围桩的桩身弯矩

在各级荷载作用下，各围桩的桩身弯矩如图 3-37～图 3-39 所示。从 6#围桩的弯矩图可以看出：滑动面以上，在加载 1 kN 以内，桩身弯矩呈矩形分布且为负值，随着加载值不断增大，桩身弯矩呈抛物线分布，在滑动面以上 6 cm 处出现最大值；在滑动面以下，呈抛物线分布，且为正弯矩，桩底处弯矩较小。

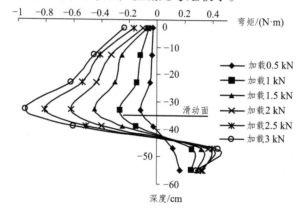

图 3-37　5#围桩桩身弯矩分布

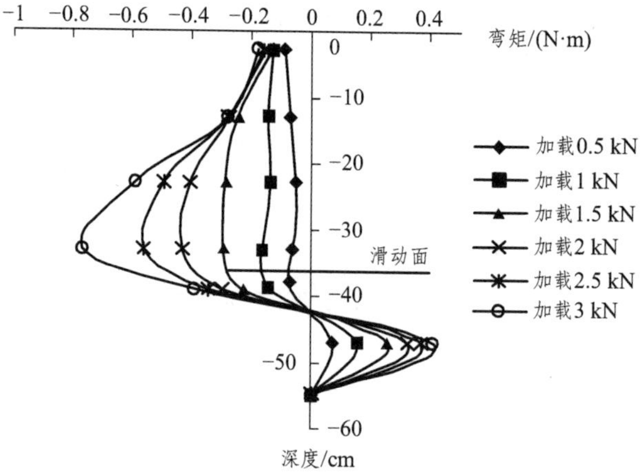

图 3-38　6#围桩桩身弯矩分布

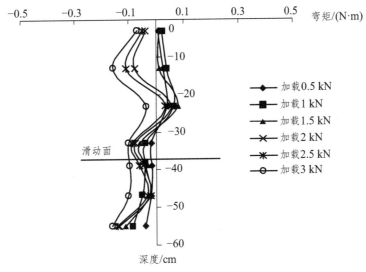

图 3-39　4#围桩桩身弯矩分布

从 5#围桩的桩身弯矩分布图 3-37 可知：在各级荷载作用下，滑动面以上基本呈抛物线分布，在滑面以上 6 cm 处出现最大值，其值略大于 6#围桩的弯矩最大值；在锚固段部分桩身各点的弯矩呈抛物线分布，且在桩底部出现最小值。

从 4#围桩的桩身弯矩图 3-39 来看，由于该围桩位于耦合结构前侧，其受力较为复杂：在滑坡推力作用下，由于后排的 6#、5#围桩和连梁的影响，滑动面以上，在加载值小于 1.5 kN 时，呈抛物线分布，且为正弯矩，当加载值大于 1.5 kN 时，出现负弯矩，且呈反向抛物线分布；在滑动面处，出现负弯矩；在锚固段，弯矩基本呈反向抛物线分布，且为负值。

6. 桩顶位移

从桩顶位移曲线图 3-40 来看，桩顶的水平位移随外荷载的增大而不断增大，当加载至 2 kN 时，水平位移值变化明显。在同级荷载作用下，方案二试验测得的水平位移值明显小于方案一的试验值。

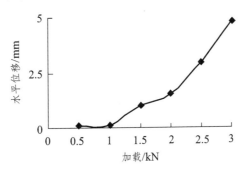

图 3-40　耦合结构的水平位移（方案二）

3.4 本章小结

通过上述两个方案试验，得出耦合结构各围桩后侧土压力分布规律、耦合结构内外滑体中的土压力分布、各围桩桩身弯矩和结构的水平位移、滑动面附近沿滑动方向的土体中的应力分布图式等。结论如下：

（1）在滑坡体滑动过程中，耦合结构各围桩的抗滑段内，桩后土压力基本呈抛物线分布，锚固段呈倒三角形分布，在滑动面以上 10%桩长处出现最大值，在桩端附近出现土压力负值。

（2）后侧第一、第二排围桩桩后及耦合结构中的土体中土压力分布图式较为相似，各级荷载作用下的土压力变化规律与大小基本一致，说明结构后二排围桩与耦合结构内土体能够形成一定的耦合体，共同抵抗外荷载。

（3）各围桩的桩前土压力，在滑动面以上呈倒三角形分布，且在桩顶附近处出现最大值，滑面处土压力值较小；在滑面以下土压力呈正三角形分布，在桩底处出现较大值。

（4）由于方案二试验中的桩位较方案一中更位于滑坡下缘，故水平位移明显小于第一组，其加固效果优于第一组。

（5）各围桩的弯矩变化，在耦合结构的第一、第二排范围内的围桩，在滑面以上呈抛物线分布，在滑面上 1/5 桩长处最大，且为负值；在滑面以下也呈抛物线分布，其值为正值。

（6）根据沿滑动方向土压力分布，可知在设置桩位处的土压力值几乎相等，在外荷载作用下同时增加，说明在设桩位处，桩和桩间土体是作为一个共同体来承受外荷载的。

第4章　耦合式抗滑结构工作机理的数值模拟

4.1　概　述

耦合式抗滑桩的最大特征是充分利用围桩与土体的耦合作用,进而围桩-土形成一个整体结构;多个耦合式抗滑桩成排则可实施对滑坡的整治。前述模型试验从应力场的变化方面研究了围桩-土耦合式抗滑结构的抗滑机理。考虑到模型试验的局限性,本章在其研究的基础上,采用 FLAC3D 软件从应力场和位移场两方面研究围桩-土的耦合效应,对耦合式抗滑桩的影响范围和耦合式抗滑桩的直径进行确定,进一步分析耦合效应随围桩间距、埋深和桩顶连接方式等因素的变化规律。

对于围桩结构本身内力分布规律的研究,虽然前文已经对整根围桩-土耦合式抗滑桩的内力进行了计算,但是对围桩-土的内力分配模式没有充分考虑到耦合作用对土体承载力的提高,而且对每根围桩的内力只是采取简单的平均分配,这些做法显然不尽合理。因此,有必要对围桩-土的承载力分配及每根围桩的内力分配进行探索并提出分配模式。

4.2　耦合效应的数值分析

围桩-土的耦合作用,根源于围桩-土之间应力的传递,表现为围桩-土变形的协调性。由此可见,可以从应力和位移两个方面研究围桩-土的耦合作用机理。

4.2.1　数值计算

本节取单根耦合式抗滑桩进行研究。耦合式抗滑桩平面布置形式采用第 2 章确定的形式,围桩间距 $S = 4d$,耦合式抗滑桩两侧计算域均取为 12.5 m,其余尺寸及单元划分、边界条件、计算参数等均同第 2 章。三维数值计算模型见图 4-1,图中耦合式抗滑桩中心处 $y = 0$。

考虑到滑带土体内摩擦角直接影响到桩后滑坡推力,故可以通过改变滑带土体内摩擦角的大小来改变桩后滑坡推力的大小,内摩擦角增大则滑坡推力减小,反之则滑坡推力增大,以此模拟不同滑坡推力工况下各围桩的受力情况。由传递系数法计算得当滑带土体内摩擦角为 13°时,设桩处滑坡推力为 800 kN/m,桩前土体剩余抗滑力为 350 kN/m。于是,选取滑带土体内摩擦角为 12.5°、13°和 14°三个工况进行计算,依次定为工况一、工况二和工况三。

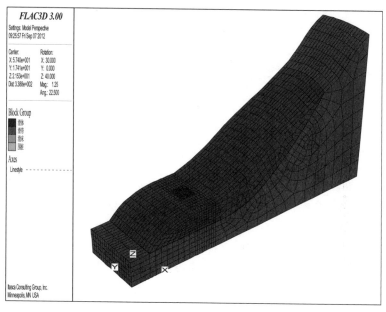

图 4-1　数值计算模型

4.2.2　土压力计算结果及其分析

4.2.2.1　围桩前、后侧土压力的分布

不同工况下各围桩前后侧土压力的分布图如图 4-2～图 4-4 所示。图中为便于对比围桩前、后侧土压力的分布情况，将桩前侧土压力记为正值。

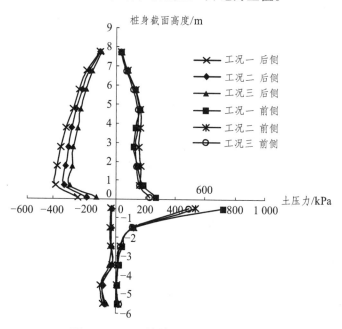

图 4-2　1#围桩前、后侧土压力分布

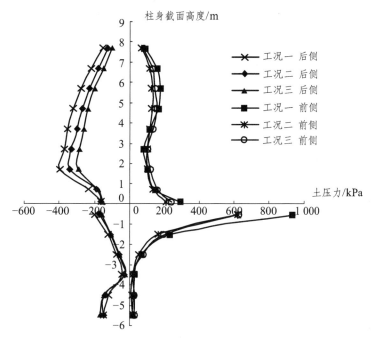

图 4-3 3#围桩前、后侧土压力分布

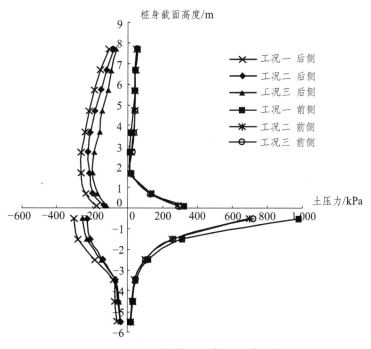

图 4-4 5#围桩前、后侧土压力分布

1. 各围桩后侧土压力的分布情况

（1）受荷段。

各围桩后侧土压力均呈抛物线分布。3#围桩后侧的土压力值略小于1#围桩，而 5#

围桩后侧土压力则明显小于 1#、3#围桩，围桩承担的滑坡推力分配模式为 1#围桩：3#围桩：5#围桩 = 0.386：0.366：0.248。

各围桩后侧土压力最大值发生的位置有所不同，按照 1#、3#、5#的顺序，分别发生在滑带以上受荷段长度的 10%、20%、30%附近处，依次增高。

（2）锚固段。

各围桩由于所处位置不同，其后侧土压力的分布有着较为明显的区别。在锚固段的中上部，1#围桩后侧土压力基本不变，呈矩形分布，3#和 5#围桩后侧土压力上大下小呈梯形分布，且 5#围桩后侧土压力略大于 3#围桩，而 1#围桩后侧土压力则明显小于前两者；在锚固段的中下部，随埋深的增加，1#围桩后侧土压力呈先增大而后有减小的趋势，3#围桩后侧土压力先增大而后基本不变，而 5#围桩后侧土压力则一直保持基本不变并呈矩形分布。

2．各围桩前侧土压力的分布情况

（1）受荷段。

各围桩由于所处位置不同，其前侧土压力的分布也有较为明显的区别。1#围桩前侧土压力在受荷段中上部随埋深增加而增大，呈梯形分布，在受荷段中下部基本不变，呈矩形分布；3#围桩前侧土压力随埋深变化不大，基本呈矩形分布；5#围桩前侧土压力首先随埋深增加而减小，呈上大下小的倒三角形分布，当埋深增加至受荷段长度的3/4 位置时，土压力开始随埋深增加而大幅度增大。

（2）锚固段。

各围桩前侧土压力随埋深增加而减小，分布形态相同，只是数值大小不同，按照1#、3#、5#围桩的顺序依次增大。

3．围桩-土耦合作用分析

由朗肯土压力理论计算得被动土压力在桩顶处为 11.5 kPa，在受荷段底部为65.0 kPa。比较各围桩前、后侧土压力与被动土压力的大小，可知：1#、3#围桩前侧土压力水平明显小于后侧土压力，而又明显大于被动土压力；5#围桩前侧土压力水平明显小于后侧土压力，且在部分范围内小于被动土压力。这说明 1#、3#围桩受到的滑坡推力大部分由围桩自身承担，小部分则传递给了其前侧土体，该部分土体发挥自身强度后又将剩余部分压力一起传递给 5#围桩，围桩与围桩附近及内部所围土体作为一个整体共同承受滑坡推力，形成一种抗滑桩——围桩-土耦合式抗滑结构即耦合式抗滑桩。

4.2.2.2　耦合式抗滑桩前、后侧及中心处土压力的分布

不同工况下耦合式抗滑桩前、后侧及中心处土压力的分布图如图 4-5 和图 4-6 所示。图 4-5 中为便于对比耦合式抗滑桩前、后侧土压力的分布情况，将桩前侧土压力记为正值。

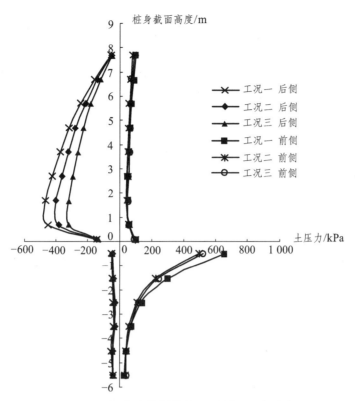

图 4-5　耦合式抗滑桩前、后侧土压力分布

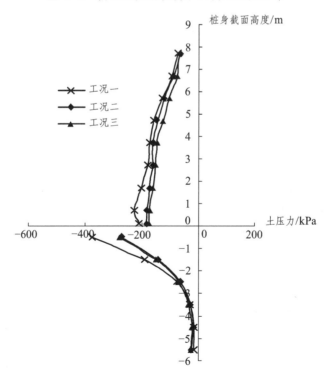

图 4-6　耦合式抗滑桩中心处土压力分布

1. 耦合式抗滑桩前、后侧土压力分布

由图 4-5 可以看出：在受荷段，耦合式抗滑桩后侧土压力呈抛物线分布，最大值发生在滑带以上受荷段长度 10%附近；前侧土压力呈上大下小的倒梯形分布。前、后侧土压力的分布形态与戴自航[48]给出的滑体为黏性土体时的应力分布规律一致。在锚固段，后侧土压力很小，随埋深变化不大，只是在中下部稍有增加，基本处于静止土压力水平，没有受到耦合式抗滑桩的应力作用；前侧土体因为受到耦合式抗滑桩的挤压作用而压力较大，且压力值随埋深的增加而减小，这也体现了滑床岩土体的锚固作用。

2. 耦合式抗滑桩中心处土体应力的分布

由图 4-6 可以看出，其应力分布随埋深的增加而增大。将其应力水平与被动土压力作比较，可知，桩中心处土体应力水平大大高于被动土压力。耦合式抗滑桩内部土体之所以能够承受明显大于被动土压力水平的压力，是因为内部土体受到围桩的环向约束后，处于三向应力状态，土体强度得以较大提高。而耦合式抗滑桩内部土体之所以承受了这么大的应力，是因为后排围桩受到滑坡推力作用后，将部分应力传递了过来，此应力传递正反映了围桩-土的耦合作用。

4.2.3 围桩-土位移计算结果及其分析

4.2.3.1 围桩-土位移分布

选取滑带以上受荷段 1/4 高度的水平截面，分别绘制其在三种工况下的水平位移等值线图，见图 4-7。

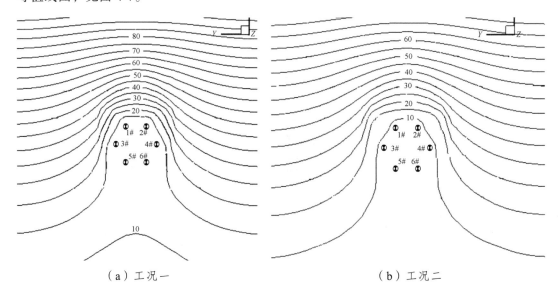

（a）工况一　　　　　　　　　　　（b）工况二

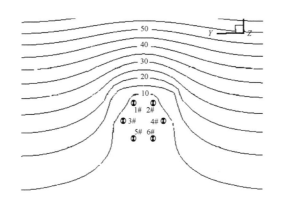

（c）工况三

图 4-7　水平位移等值线图（单位：mm）

从围桩-土的水平位移方面来分析围桩-土的耦合：图 4-7 所示的计算结果表明，围桩与桩身周围及围桩内部所围土体水平位移保持一致，且明显小于同一横截面上耦合式抗滑桩两侧土体的水平位移。围桩-土两者变形的协调说明了围桩与土作为一个整体共同承担滑坡推力，是围桩-土耦合成为一个整体的直观表现。

4.2.3.2　围桩位移分布规律

输出 pile 单元节点位移的计算结果，绘制桩身位移图，见图 4-8。

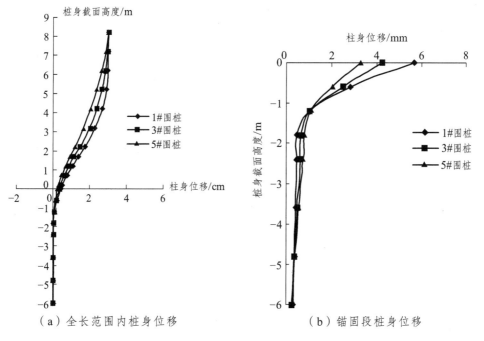

（a）全长范围内桩身位移　　　　　　（b）锚固段桩身位移

图 4-8　桩身位移

由图 4-8（a）可以看出，各围桩桩身位移总体的分布规律基本保持一致，位移量随着深度的增加而减小。

（1）首先分析受荷段：由于后侧围桩、中间围桩和前侧围桩所承受的荷载水平依次减小，所以其桩身位移应依次增大，即图中所示 1#、3#和 5#围桩桩身位移依次增大。从滑带处开始，由于滑床的锚固作用，各围桩桩身位移均较小。随着深度的减小，桩身位移迅速增大。这是由于滑体为黏性土等散性体，桩后滑坡推力分布形态接近三角形或者上小下大的梯形，滑体下部推力较大，刚度较小的围桩在较大推力作用下变形较大，故桩身位移增加幅度较大。当深度减小至 $z = 5.2$ m 即受荷段长度的 50%时，围桩桩身位移增大速度明显减慢。这是因为该滑坡沿软弱夹层发生破坏，滑体上部因滑体下部的滑动而下滑，而此时滑体下部在抗滑机构的作用下已趋于稳定，滑体上部在滑体下部的拖曳下亦趋于稳定，作用在围桩上的推力减弱，故该段围桩变形较小。又因为每根围桩的刚度较小，不会随着下部位移线性增加，再加上桩前土体的抗力作用，所以呈现出图 4-8（a）中所示的位移曲线。越接近桩顶，冠梁的约束作用越强，各围桩位移越接近，甚至出现了 1#围桩位移微小幅度的减小。当到达桩顶时，各围桩位移相等。

（2）其次分析锚固段：从图 4-8（b）可以看出，进入锚固段后桩身位移迅速减小，桩身位移量由大到小的围桩顺序依次为 1#、3#和 5#。当深度增加至 $z = -1$ m 即锚固段长度的 20%时，各围桩桩身位移基本相当。之后，各围桩桩身位移减小幅度降低，且位移量的大小顺序发生变化，位移量由大到小的围桩顺序依次为 5#、3#和 1#。锚固段全长范围内桩身位移方向均与滑体推力方向相同，没有出现位移零点和反方向位移，这是由于滑床刚度相对较大，而桩体刚度相对较小。

4.2.4　围桩内力计算结果及其分析

虽然可以对围桩-土耦合式抗滑桩从整体上计算其内力，但其中每根围桩的内力分配及分布规律研究仍然不够深入。若将耦合式抗滑桩按等刚度原则等效成一根普通抗滑桩，并按普通抗滑桩进行内力计算，则可将计算得出的弯矩按照刚度比例分配给围桩和内部土体，将围桩分担的弯矩平分后得出每根围桩所承担的弯矩；将剪力按照抗剪承载力所占比例分配给围桩和内部土体，将围桩分担的剪力平分后得出每根围桩所承担的剪力。这种计算方法虽然有一定的理论依据，但没有考虑到不同位置围桩所承受的力的差异性。耦合式抗滑桩后侧的围桩显然要比前侧的围桩承受更为不利的荷载，其受力水平高于平均值，而前侧围桩的受力水平要低于平均值。若仅仅按照力平均分配给各围桩的原则进行设计，就会导致后侧围桩偏于危险而前侧围桩偏于保守。

4.2.4.1　桩身弯矩分布规律

输出 pile 单元弯矩的计算结果，绘制桩身弯矩图，见图 4-9。

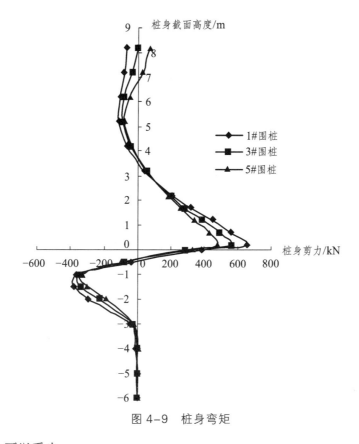

图 4-9　桩身弯矩

由图 4-9 可以看出：

（1）各围桩桩身位移总体的分布规律基本保持一致，只是在桩顶位置由于受到冠梁的约束作用而略有差异。

（2）在受荷段，由于桩顶冠梁的刚性约束作用，1#围桩顶出现正弯矩，而 3#和5#围桩顶为负弯矩。当 $z = 3.5$ m 即自桩顶起至受荷段长度 55%附近处，各围桩负弯矩达到峰值，弯矩绝对值由大到小的围桩顺序依次为 1#、3#和 5#，且依次递减约 20%。当 $z = 1 \sim 2$ m 即自桩顶起至受荷段长度 80%附近处，各围桩出现零弯矩。之后，弯矩值迅速增大。

（3）进入锚固段后，桩身弯矩值先增大后迅速减小。在锚固段顶面略靠下的位置，正弯矩达到峰值，且弯矩值远大于受荷段的负弯矩峰值，故该处弯矩控制着围桩的截面设计，弯矩值由大到小的围桩顺序依次为 1#、3#、5#，且依次递减约 8%。当 $z = -5$ m 即自滑带起至锚固段长度 80%附近处，各围桩弯矩已经很小，接近于零。

4.2.4.2　桩身剪力分布规律

输出 pile 单元剪力的计算结果，绘制桩身剪力图，见图 4-10。

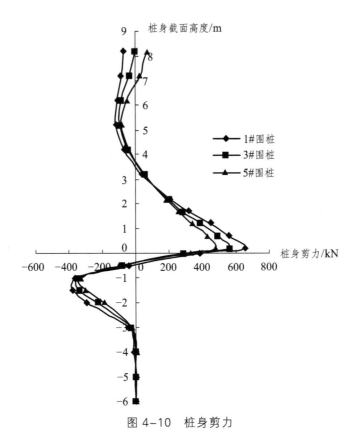

图 4-10 桩身剪力

由图 4-10 可以看出：

（1）各围桩桩身剪力总体的分布规律基本保持一致，只是在桩顶位置由于受到冠梁的约束作用而略有差异。

（2）在受荷段，由于桩顶冠梁的约束作用，1#围桩顶剪力值为负，而 3#围桩顶剪力值接近于零，5#围桩顶剪力值为正。当 $z = 5.2$ m 即自桩顶起至受荷段长度 37%处，各围桩负剪力达到峰值，剪力绝对值由大到小的围桩顺序依次为 1#、3#、5#，且依次递减 19%、13%。当 $z = 3.5$ m 即自桩顶起至受荷段长度 55%附近处，各围桩出现零剪力。在 $z = 0.2$ m 即滑体与滑带的交界处，正剪力达到峰值，剪力值由大到小的围桩顺序依次为 1#、3#、5#，且依次递减约 14%。

（3）进入锚固段后，在滑床岩土体的抗力作用下，桩身剪力迅速减小。在锚固段顶面略靠下的位置，各围桩出现第一个零剪力。当 $z = -1.2$ m 即自滑带起至锚固段长度 20%处，各围桩出现负剪力峰值，剪力绝对值由大到小的围桩顺序依次为 1#、3#、5#，且递减幅度均不超过 5%。当 $z = -5$ m 即自滑带起至锚固段长度 80%处，各围桩剪力已经很小，接近于零。

4.2.4.3 桩身轴力分布规律

输出 pile 单元轴力的计算结果，绘制桩身轴力图，见图 4-11。

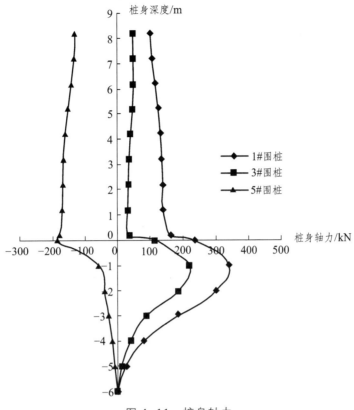

图 4-11　桩身轴力

由图 4-11 可以看出：

（1）各围桩桩身轴力的分布规律差别很大，1#围桩和 3#围桩受拉，而 5#围桩受压。

（2）在受荷段，自桩顶起，1#围桩轴力值逐渐增大，3#围桩轴力值逐渐减小，5#围桩轴力值也小幅度增大，且 5#围桩轴力值大小约为 1#和 3#围桩轴力值之和，方向相反。这说明，围桩-土之间有足够强的耦合作用使其成为一个整体共同受力，耦合式抗滑桩中后侧的围桩受拉，前侧的围桩与土体受压，增加了耦合式抗滑桩的抗倾覆稳定性。进入锚固段后，1#和 3#围桩在滑带及以下一定范围内轴力迅速增大，当 $z = -1.2$ m 即自滑带起至锚固段长度 20%处，桩身轴力达到最大值，之后轴力值减小，直至桩底轴力值接近于零；5#围桩首先在锚固段长度 20%范围内迅速减小，之后逐渐减小，直至桩底轴力值接近于零。

4.2.4.4　桩身内力的分配

因为模型中滑体的岩土体类型采用黏性土，故耦合式抗滑桩前后侧土体应力分布按照戴自航[48]给出的滑体为黏性土体时的应力分布规律进行计算。由耦合式抗滑桩前、后侧土压力的分布（图 4-5）也可以看出，受荷段前、后侧土体应力分布形态与戴自航[48]给出的黏土的滑坡推力和桩前滑体抗力分布形态相吻合，如图 4-12。

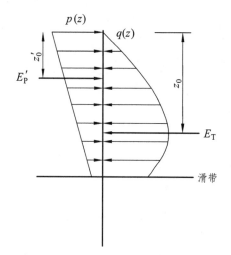

图 4-12　滑坡推力和土体抗力示意图

图中：E_T、E_P' 分别表示设桩位置滑坡推力和桩前土体剩余抗滑力；$q(z)$、$p(z)$ 分别表示滑坡推力和桩前土体抗力沿桩高 z 的分布集度；z_0、z_0' 分别表示滑坡推力和桩前土体抗力合力作用点至桩顶的距离。

滑坡推力分布形式为抛物线-三角形，分布函数为：

$$q(z) = \frac{(36k-24)E_T}{h_1^3}z^2 + \frac{(18-24k)E_T}{h_1^2}z \qquad (4\text{-}1)$$

$$z_0 = kh_1 \qquad (4\text{-}2)$$

式中：h_1——桩身受荷段长度；

k——系数，$k = \frac{2}{3} \sim \frac{3}{4}$。

桩前土体抗力分布形式为倒梯形，分布函数为：

$$p(z) = \frac{(12k'-6)E_P'}{h_1^2}z + \frac{(4-6k')E_P'}{h_1} \qquad (4\text{-}3)$$

$$z_0' = k'h_1 \qquad (4\text{-}4)$$

式中：h_1—桩身受荷段长度；

k'—系数，$k' = \frac{3}{10} \sim \frac{2}{5}$。

耦合式抗滑桩剪力分布：

$$\frac{\mathrm{d}F_s(z)}{\mathrm{d}z}=q(z)-p(z) \tag{4-5}$$

积分，得：

$$F_s(z)=\int[q(z)-p(z)]\mathrm{d}z$$
$$=\frac{(12k-8)E_T}{h_1^3}z^3+\frac{(9-12k)E_T+(3-6k')E_P'}{h_1^2}z^2+\frac{(6k'-4)E_P'}{h_1}z+a \tag{4-6}$$

式中：a 是常数；其余符号意义同上。

又知，当 $z=h_1$ 即在受荷段底部位置处，剪力等于滑坡推力与土体抗力之差，即：

$$F_s(h_1)=E_T-E_P' \tag{4-7}$$

将式（4-7）代入式（4-6）得：$a=0$，故有：

$$F_s(z)=\frac{(12k-8)E_T}{h_1^3}z^3+\frac{(9-12k)E_T+(3-6k')E_P'}{h_1^2}z^2+\frac{(6k'-4)E_P'}{h_1}z \tag{4-8}$$

耦合式抗滑桩弯矩分布为：

$$\frac{\mathrm{d}M(z)}{\mathrm{d}z}=F_s(z) \tag{4-9}$$

将式（4-8）代入式（4-9）并积分，得：

$$M(z)=\int F_s(z)\mathrm{d}z$$
$$=\frac{(3k-2)E_T}{h_1^3}z^4+\frac{(3-4k)E_T+(1-2k')E_P'}{h_1^2}z^3+\frac{(3k'-2)E_P'}{h_1}z^2+b \tag{4-10}$$

式中：b 是常数；其余符号意义同上。

又当 $z=0$ 即在桩顶位置处，耦合式抗滑桩整体弯矩为零，即：

$$M(0)=0 \tag{4-11}$$

将式（4-11）代入式（4-10），得：$b=0$，故有：

$$M(z)=\frac{(3k-2)E_T}{h_1^3}z^4+\frac{(3-4k)E_T+(1-2k')E_P'}{h_1^2}z^3+\frac{(3k'-2)E_P'}{h_1}z^2 \tag{4-12}$$

本算例仍然采用工况一，设桩位置处的滑坡推力 $E=800\ \mathrm{kN/m}$，桩前土体剩余抗滑力 $E'=350\ \mathrm{kN/m}$。按式（4-8）、式（4-12）分别计算耦合式抗滑桩受荷段的剪力和弯矩，并将力学计算结果与数值模拟结果作对比，如图 4-13 和图 4-14 所示。图中数值模拟曲线的数值是 6 根围桩的代数和。

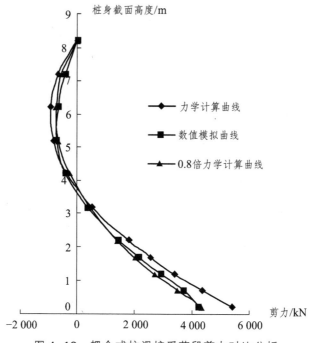

图 4-13　耦合式抗滑桩受荷段剪力对比分析

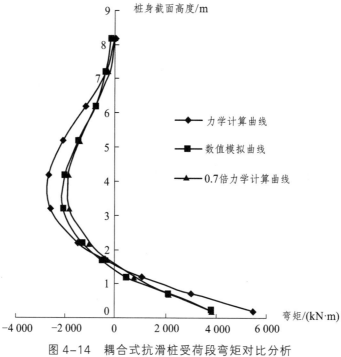

图 4-14　耦合式抗滑桩受荷段弯矩对比分析

由图 4-13 和图 4-14 可以看出，由于围桩-土的耦合作用，围桩承担了大部分的剪力和弯矩，而非完全承担。

在剪力方面，数值模拟曲线与 0.8 倍力学计算曲线较吻合，说明围桩分担了耦合式抗滑桩剪力的 80%，而另外的 20%由桩内土体分担，围桩-土承担的剪力分配模式为围桩：土体 = 0.8：0.2。

在弯矩方面，数值模拟曲线与 0.7 倍力学计算曲线较吻合，说明围桩分担了耦合式抗滑桩弯矩的 70%，而另外的 30%由桩内土体分担，围桩-土承担的弯矩分配模式为围桩：土体 = 0.7：0.3。

4.2.5 耦合桩的影响范围及其直径

以工况二为例，选取滑带以上受荷段 1/4、1/2、3/4 三个高度，绘制不同高度处耦合式抗滑桩中心点所在横截面的 σ_{xx} 曲线和水平位移曲线，分别见图 4-15 和图 4-16。图中 $y=0$ 点是耦合式抗滑桩中心点位置，$y=\pm2$ m 是围桩中心点位置。

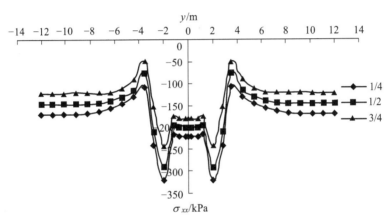

图 4-15 σ_{xx} 随着桩身变化曲线图

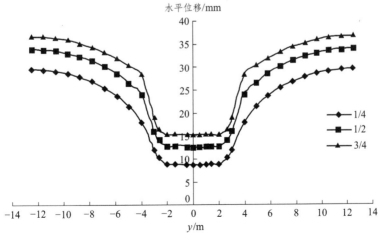

图 4-16 水平位移曲线

1. 耦合式抗滑桩影响范围的分析

从图 4-15 和图 4-16 可以看出，随着离桩距离的变化，土体受耦合式抗滑桩影响的程度发生变化。耦合式抗滑桩内部土体受到围桩的完全约束，桩外侧的土体随着离桩距离越大，土体受桩的约束作用越弱。在 $y = \pm 2.5$ m 处，土体应力和桩内土体持平，由于其受力状态不同于桩内土体的三向应力，所以位移较桩内略有增加。当离桩距离稍大于 2.5 m 时，土体由于受到耦合式抗滑桩的遮拦作用而应力大幅度降低，由于外侧土体的拖曳作用而位移有所增加。随着离桩距离的继续增大，土体受到的约束作用迅速减弱，由于后侧滑坡推力的作用而应力逐渐增大，逐渐增大的应力使得土体的位移增大。最后，两者均趋于平缓，完全失去耦合式抗滑桩的约束。但是，由于埋深不同，耦合式抗滑桩和土体所受应力水平也就不同，应力趋于平缓的距离也就不同，在 1/4、1/2、3/4 高度处分别约为 8.5 m、7 m、6 m，埋深越浅，耦合式抗滑桩影响范围越小。

2. 耦合式抗滑桩直径的分析

计算结果表明，耦合式抗滑桩在 ± 2.5 m 范围内的影响较强，在 ± 2.5 m 处应力和位移水平均发生较大幅度的变化。由此认为，耦合式抗滑桩截面公切圆直径为 $D = 2S + d$，见图 4-17。

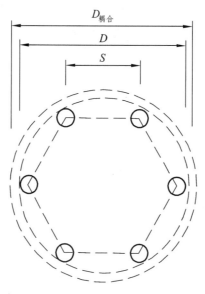

$D_{耦合}$—耦合式抗滑桩影响直径；D—围桩公切圆直径；S—围桩间距。

图 4-17　耦合式抗滑桩平面示意图

耦合式抗滑桩影响直径 $D_{耦合}$ 与围桩直径 d 和围桩间距 S 有直接关系，其取值可参照公式（2-38）$D_{影响}$ 与圆形抗滑桩计算宽度 $B_p = 0.9(D+1)$ 综合选取。

4.2.6 耦合作用的变化特征

围桩-土间的耦合作用依赖于围桩与土的强度的共同发挥，受诸多因素的影响，比如围桩间距、岩土体强度、埋深以及桩顶连系方式等。

1. 围桩间距对耦合作用的影响

由第 2 章内容可知，围桩间距是影响围桩-土之间能否形成耦合作用的关键因素。选取围桩间距 3d、4d、5d 作对比分析，绘制滑带以上受荷段 1/4 截面处耦合式抗滑桩中心所在横截面的 σ_{xx} 应力曲线和水平位移曲线，见图 4-18、图 4-19。

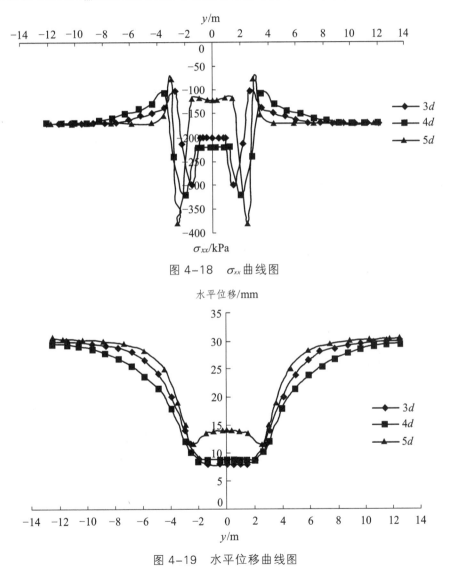

图 4-18　σ_{xx}曲线图

图 4-19　水平位移曲线图

图 4-18 和图 4-19 所示计算结果表明，围桩间距对围桩-土的耦合效应有明显的影

响。围桩间距由 3d 增加至 4d 时，围桩与桩内土体应力水平增大，且桩内土体应力水平增加幅度相对于围桩较大，耦合作用增强，围桩-土依靠耦合作用作为一个整体承担了更多的滑坡推力，降低了耦合式抗滑桩外侧土体的应力水平。虽然耦合式抗滑桩承担了更多的滑坡推力，但是由于在耦合作用下耦合式抗滑桩整体刚度得到提高，所以其位移水平较小。当围桩间距增加至 5d 时，桩内土体位移水平大于围桩，说明桩内土体有从桩内挤出的迹象甚至已经挤出，桩内土体失去围桩的约束后其应力得以释放，并通过主应力拱转由围桩承担，使围桩应力水平大幅度增加，承担更多的滑坡推力。此时，围桩-土之间的耦合作用消失。这也更加验证了围桩间距取 4d 的合理性。

2. 埋深对耦合作用的影响

由图 4-18 可以看出，随着埋深的变化，围桩与桩内土体的应力水平发生大约等幅度的变化；由图 4-19 可以看出，随着埋深的变化，围桩与桩内土体的位移水平均保持一致，变形保持协调。由此说明，受荷段在顶部冠梁和底部锚固段的两端约束下，其耦合作用随埋深并无明显变化。

3. 桩顶连接方式对耦合作用的影响

围桩依靠桩顶冠梁的连接作用成为一个框架结构，框架结构加强了对内部所围土体的约束，从而为围桩-土形成一个整体提供了条件。可见，桩顶连接方式直接影响着围桩-土的耦合作用。桩顶连接方式有刚接、铰接和自由三种方式，绘制三种连接方式下围桩的位移曲线，分别见图 4-20、图 4-21 和图 4-22。

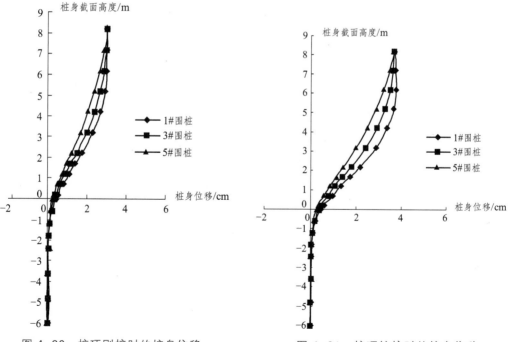

图 4-20　桩顶刚接时的桩身位移　　　　图 4-21　桩顶铰接时的桩身位移

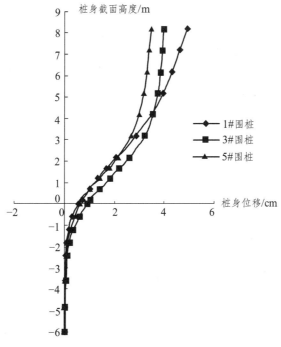

图 4-22　桩顶自由时的桩身位移

桩顶连接方式的不同对耦合作用有着非常明显的影响。将图 4-20、图 4-21 与图 4-22 作比较分析，可以看出：

（1）桩顶刚接时，各围桩位移水平较为一致，围桩-土间形成了良好的耦合作用。

（2）当桩顶铰接时，虽然桩顶在冠梁的约束作用下各围桩位移相同，而且围桩位移分布规律一致，但是位移水平总体明显较刚接时大，说明此时围桩-土的整体性减弱，两者间的耦合作用减弱，从而导致耦合结构刚度明显降低，位移水平增大。

（3）当桩顶自由时，围桩位移分布规律不再保持一致，变形亦不协调，说明围桩-土的整体性已经丧失，耦合作用不存在。

4.3　耦合式抗滑桩间距分析

由耦合式抗滑桩的影响范围和普通抗滑桩的间距范围，初步选定耦合式抗滑桩间距 $L = 12$ m 进行耦合式抗滑桩间距模型试验研究。

4.3.1　耦合桩间土拱效应的形成机理

太沙基采用活动门实验首次验证了土拱效应的存在，并于 1943 年首次将这种现象称为"土拱效应"。

从位移场来分析，桩后土体在下滑力作用下向桩身及桩间处挤压，而桩体相对于土体是刚性的或者说是被约束的，其位移小于坡体的位移。桩间土体因受到桩体不同程度的约束影响而产生不同程度的位移。靠近桩体处受到的约束作用强，故位移较小；远离桩体处受到的约束作用弱，故位移较大。这种位移的差异现象直观表现为拱的形状，故有人称之为位移拱。

从应力场来分析，当桩土有发生相对位移的趋势时，土体依赖于自身的抗剪强度，实现剪切应力的迁移——由位移相对较大的地方向位移相对较小的地方迁移，即由远离桩体处向靠近桩体处迁移。桩后附近土层单元的最大主应力的连线便是拱形，它承受拱后荷载，并将应力转移到桩体，故有人称之为大主应力拱。这种应力迁移的结果就是：远离桩体处沿坡体滑动方向的应力减小，靠近桩体处沿坡体滑动方向的应力增大，从而实现将桩后滑坡推力转由桩体承担的目的。这个结果可以从坡体滑动方向应力即 σ_{xx} 等值线图直观地表现出来。

因此，可以从位移拱和应力拱两方面研究耦合式抗滑桩间的土拱效应。下文仅从应力拱方面进行耦合式抗滑桩间土拱效应的研究。桩后坡体在一定高度范围内自上而下均有土拱效应，但对于桩体抗滑作用最直接且最有意义的则是滑带以上范围内的土拱，所以这里就取该范围内的土拱效应进行分析。

4.3.2 耦合桩间土拱效应的分布

选取滑带以上受荷段 1/4、1/2、3/4 三个高度，绘制不同高度水平截面的 σ_{xx} 等值线图，见图 4-23。

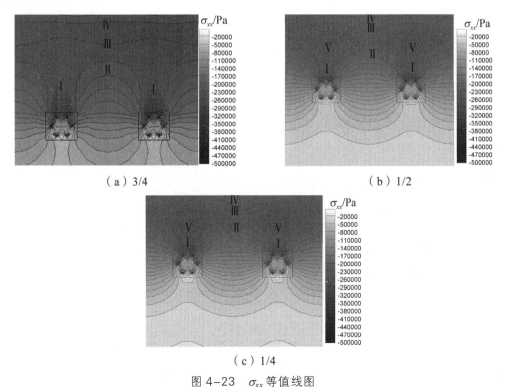

（a）3/4

（b）1/2

（c）1/4

图 4-23 σ_{xx} 等值线图

图 4-23 所示计算结果表明,排桩后的土层形成了明显的应力拱。桩后应力拱呈现以下三种分布形态:

(1)紧邻桩后为扩肩型拱,实际上是两侧相邻土拱在此处形成的受压区,该受压区是两侧相邻拱的拱脚区域,如区域Ⅰ;桩间为双曲线型拱,如区域Ⅱ;距桩较远处是马鞍型拱,如区域Ⅲ。

(2)然后,应力分布逐渐趋于平缓,如区域Ⅳ。虽然不同深度处桩后土压力大小不同,但是应力拱的分布形态并没有发生变化,变化的只是相应等值线的数值。

(3)值得注意的是,随着埋深的增加,应力水平不断增大,在扩肩型拱后逐渐出现了核心区,如区域Ⅴ。

4.3.3 耦合桩间距的确定

在被动桩的设计中,桩间距的大小是关键问题之一。若桩间距过大,则桩后土体将由桩间挤出或沿桩身塑性绕流,桩间形不成土拱效应,导致桩后滑坡推力不能有效转移至桩体,而且,最终致使抗滑结构起不到有效的抗滑作用。若桩间距过小,虽然保证了桩体的抗滑作用,但工程量大,不经济。故选取桩间距单因素作为变量,进行控制变量分析。耦合式抗滑桩间距初步选取为 8 m、10 m、12 m、14 m 和 16 m。

图 4-24 为在不同桩间距 L 条件下,桩身承担荷载的变化曲线。荷载采用归一化荷载,即计算荷载与单桩时桩身承担的最大荷载的比值。计算表明,随着桩间距的增加,归一化荷载逐渐增大,但当 $L = 12$ m 时,归一化荷载达到 82%,当 $L = 14$ m 时,归一化荷载接近于 1,此时土拱效应已基本消失。为保证桩间土拱的存在并充分利用桩间土拱效应,选取桩间距 L 的范围为 10 ~ 12 m。

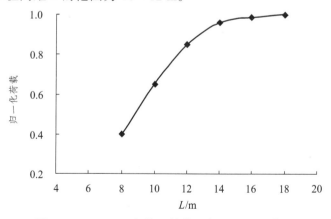

图 4-24　不同 L 条件下桩体承担的归一化荷载

4.4　耦合式抗滑桩的破坏模式

数值模拟结果显示,耦合式抗滑桩发生的变形如图 4-25 所示。由图 4-25 可以看出，桩顶冠梁沿滑坡推力方向发生了倾斜，围桩-土耦合结构在滑坡推力作用下发生了协调变形。处于耦合式抗滑桩后侧的1#围桩和中间位置的3#围桩有明显被拔出的趋势，处于前侧的5#围桩则明显因受压而发生挠曲变形。结合围桩的内力图，判定耦合式抗滑桩可能的破坏模式为：

后排和中间排围桩因锚固段未能提供足够的拉力而被拔出，耦合结构体系失效；前排围桩受桩顶连梁传递过大作用力发生桩体压杆失稳，特别是该桩型中围桩的长细比较大，压杆稳定性需格外注意；在滑带顶面处和滑带以下锚固段长度20%范围内，围桩因剪力或弯矩过大发生强度破坏；桩内土体强度不足以承担围桩传递的滑坡推力，土体破坏后导致耦合结构体系失效。

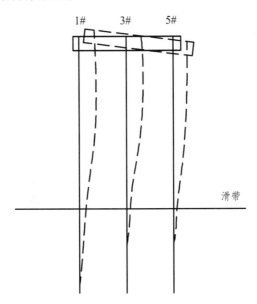

图 4-25　耦合式抗滑桩变形示意图

由以上分析可知，耦合式抗滑桩的主要破坏模式为后排围桩锚固段抗拔力不够导致拔出、前排围桩受压失稳、围桩在滑带附近位置发生弯剪强度破坏、桩内土体强度不够致使耦合失效。

4.5　本章小结

（1）通过对耦合式抗滑桩在滑坡防治工程应用中的数值模拟，得到了土体位移场和应力场的分布情况，证明只要围桩-土耦合式抗滑桩参数取值在合理范围则桩-土耦合效果良好。

（2）分析了围桩-土之间有效耦合效应的耦合式抗滑桩间距等参数，探讨了耦合桩可能的破坏模式。

第 5 章　围桩-土耦合抗滑结构的设计计算

目前，关于抗滑桩设计计算的理论比较多，通过确定滑坡推力和锚固深度，按水平受荷桩的内力和变位进行计算后，就可按钢筋混凝土结构设计进行配筋。在微型桩方面，当布置稀疏时，仍采用普通抗滑桩设计理论进行计算，但其抗弯和抗剪优势明显不如传统抗滑桩；对于布置密集的微型桩和围桩-土耦合抗滑结构来说，根据前面章节的研究，围桩与桩间土体能够形成耦合体。因此，在计算过程中可考虑采用等效法处理，但如何合理等效则是一个值得深入研究的问题。

5.1　围桩-土耦合抗滑结构的等效分析

5.1.1　已有的桩土等效方法

5.1.1.1　有筋土墙法

1988 年，澳大利亚 Brandl H. 提出当布置密集的小口径桩群时，存在一定的群桩效应，认为桩与桩间土体能够形成耦合体，并将其视为有筋土墙，以钢筋混凝土梁来模拟结构设计。其计算图式如图 5-1 所示，即将微型桩看作钢筋，将桩间土体看作混凝土，梁上的荷载主要有锚固力和土压力，并假定桩间土体的抗拉强度为零。小口径桩的数量和配筋量与作用在有筋土墙上的弯矩和横向荷载有关，桩土作为一个具有共同惯性矩和截面模量的整体来考虑，并提出同时受水平和竖向荷载时的小口径桩桩群的有筋土墙法，给出了桩土之间考虑黏结、不考虑黏结、考虑部分黏结三种情况下的半经验半理论计算公式。

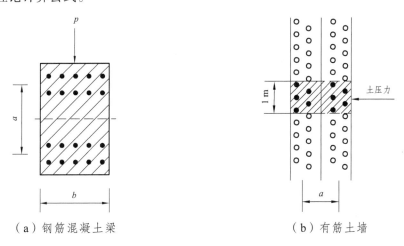

（a）钢筋混凝土梁　　　　　　　　（b）有筋土墙

图 5-1　有筋土墙计算模式

5.1.1.2 加筋挡土墙法

丁光文[49]将小口径桩群加固边坡看作一个挡土结构和一个土壁或岩壁的土钉体系。布置稀疏时,利用小口径桩将滑面以上的土"钉"住,在滑面处增大抗剪阻力,主要通过桩的抗剪计算;布置密集时,将桩土看作重力式挡土墙,认为耦合体中小口径桩不受拉力,只承受压力和剪力,并给出小口径桩处理滑坡的设计计算方法。

5.1.1.3 基于连续墙的等效刚度法

将小口径组合结构按抗弯刚度相等的原则等效成一定厚度的地下连续墙,计算图式[50]如图 5-2 所示。

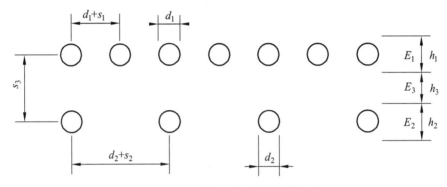

图 5-2　双排桩等效刚度计算图式

设第一排桩径为 d_1,横向桩间距为 s_1,第二排桩径为 d_2,横向桩间距为 s_2,两排之间的排间距为 s_3,按照刚度等效原则,将两排桩分别等效成一定厚度的连续墙。

第一排桩土等效厚度:

$$h_1 = 0.838 \times d_1 \times \sqrt[3]{\frac{d_1}{d_1 + s_1}}$$ （5-1）

第二排桩土等效厚度:

$$h_1 = 0.838 \times d_2 \times \sqrt[3]{\frac{d_2}{d_2 + s_2}}$$ （5-2）

桩间岩土体的等效厚度:

$$h_3 = s_3 - \frac{s_1}{2} - \frac{s_2}{2}$$ （5-3）

则两排桩及桩间土体形成的整体抗弯刚度（以宽一延米计算）为:

$$EI = E_1 I_1 + E_2 I_2 + E_3 I_3 = E_1 \left[\frac{(2h_1 + h_3)^3 - h_3^2}{24} \right] + E_2 \left[\frac{(2h_2 + h_3)^3 - h_3^2}{24} \right] + E_3 \frac{h_3^3}{12}$$ （5-4）

式中：EI——桩土整体抗弯刚度（$MN \cdot m^3$）；

E_1I_1——第一排桩的等效抗弯刚度（$MN \cdot m^2$）；

E_2I_2——第二排桩的等效抗弯刚度（$MN \cdot m^2$）；

E_1——第一排桩的弹性模量（MPa）；

E_2——第二排桩的弹性模量（MPa）；

E_3——桩间岩土加固体的弹性模量（MPa）。

对上述计算出的整体等效抗弯刚度采用弹性地基梁法（m 法或 k 法），得到其整体的弯矩 $M_{整体}$ 和剪力 $Q_{整体}$，再按下列公式进行分配。

弯矩按侧向抗弯刚度进行分配：

第一排桩所分配到的弯矩

$$M_1 = \frac{E_1I_1}{EI}M_{整体} \tag{5-5}$$

第二排桩所分配到的弯矩

$$M_2 = \frac{E_2I_2}{EI}M_{整体} \tag{5-6}$$

剪力按横截面积进行分配：

第一排桩所分配到的剪力

$$Q_1 = \frac{h_1}{h_1+h_2}Q_{整体} \tag{5-7}$$

第二排桩所分配到的剪力

$$Q_2 = \frac{h_2}{h_1+h_2}Q_{整体} \tag{5-8}$$

对于上述方法，理论上没有充分考虑多排桩的布置形式，如平行布置和梅花形布置，力的分配必然存在一定的差异。

5.1.2 基于土拱理论的等效刚度法

参照上述的分析方法，对于排列密集的小口径桩，将桩土作整体分析较为普遍；而对于新型围桩-土耦合抗滑结构，其计算方法也是将桩土抗弯刚度作等效处理。由第 2 章的平面布置的合理性讨论中得出，桩土耦合的主要机理是围桩之间形成土拱效应，若各围桩之间在滑坡推力作用下均能出现小土拱，则认为围桩与小土拱内土体形成了一个共同体。此时我们认为桩土是耦合的，其对应的等效抗弯刚度仍可采用前述的桩土分离算法和加权面积计算法：若结构的桩土形成完全黏结，则等效刚度采用桩土面积加权算法进行计算；若结构与土体无黏结，则等效刚度采用桩土分离算法求得；若结构与土体有部分黏结，则等效刚度采用桩土面积加权算法与桩土分离算法的平均值求得。

对于黏性土介质，围桩-土耦合结构埋设以后，土拱的存在使得各围桩与土体能够形成耦合体，并按完全黏结来计算，其表达式如下：

$$K_{等效} = E_{耦合} \times \frac{\pi D_{耦合}^4}{64} \qquad (5\text{-}9)$$

其中：

$$E_{耦合} = \frac{A_P E_P + A_S E_S}{A_P + A_S}$$

$$D_{耦合} = D_{影响} \sqrt{\frac{4 \times n \times \left(\dfrac{l^2}{4 \tan \dfrac{\theta}{2}} + \dfrac{\sqrt{2}}{4} dl + \dfrac{l^2}{6 \tan \varphi} \right)}{\pi}} + \frac{\sqrt{2}}{4} d \qquad (5\text{-}10)$$

影响直径图式如图 5-3 所示。

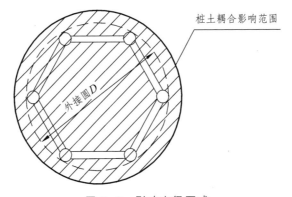

图 5-3 影响直径图式

5.2 桩-土耦合结构适用条件

围桩-土耦合抗滑结构作为新型支挡结构物，利用桩间土拱实现桩土相互作用，通过一定的成桩工艺，注重发挥岩土体的强度，属于主动加固型的被动桩。它在桩位上要求各围桩按正多边形布置，目前还处于研究阶段。从理论上讲，围桩-土耦合抗滑结构主要适用于以下特征的滑坡（边坡）加固和工程治理。

（1）滑动面坡度在 20°以下的浅层滑坡。

（2）滑坡体存在潜在滑动面，滑动面在滑动方向尚未全部贯通，正处于蠕变阶段。

（3）滑坡岩土体主要为黏性土或碎石土，先不考虑砂性土介质。

5.3 设计步骤

（1）通过现场勘测，分析滑坡的原因、性质、范围及发展趋势等，确定滑面处的岩土体参数，并通过分析计算确定合理滑坡推力。

（2）拟定单个围桩-土耦合结构的内部参数（围桩数、合理的围桩间距、合理桩位、桩长、锚固比等），成排耦合结构的外部桩间距。

（3）按等效刚度法得出耦合结构的等效直径，再按大截面抗滑桩进行内力、位移计算。

（4）根据内力分配原则进行分配，进行各围桩配筋设计。

5.3.1 滑坡推力的计算

在抗滑结构的设计中,滑坡推力的大小直接关系到抗滑桩的截面尺寸及相关参数,而实际工程中滑坡破坏形式多样,机理极其复杂,滑坡体处于蠕变、蠕滑、滑移等各个阶段时,滑坡体内部的应力分布也各不相同。

5.3.1.1 滑坡推力的分布图式

一般认为抗滑桩桩后受滑坡推力的作用，桩前受土体抗力的作用，滑坡推力及土体抗力分布如图 5-4 所示。滑坡推力大致分三角形、矩形和梯形三种图式，土体抗力主要以三角形分布为主。熊治文[51]通过室内模型试验和数值模拟对深埋式抗滑桩的受力分布规律进行讨论，并得出滑坡推力在桩上的分布形式，基本上呈矩形分布，并随着桩受到滑坡推力的增加，合力重心有所下移，桩前滑体抗力基本上呈矩形分布。戴自航[48]结合模型试验与实测试桩试验，给出了不同岩土类型滑坡体的抗滑桩桩后滑坡推力和桩前土体抗力分布函数表，方便在实际工程中查取和运用，并建议在设计计算中滑坡推力合力作用点位置适当降低和桩前土体抗力合力作用点位置适当提高，则更符合抗滑桩实际受力情况，为滑坡推力的设计提供了一定的参考。

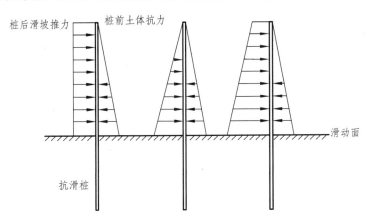

图 5-4 滑坡推力及土体抗力分布图式

5.3.1.2 滑坡推力计算方法

滑坡稳定性评价方法也是多种多样，如对于滑动面为圆弧（或接近于圆弧形）的滑坡，一般采用整体的力矩平衡来计算稳定性，因此采用圆弧形滑动面的稳定性分析方法来计算滑坡推力，如采用简化 Bishop（毕肖普）法计算滑坡推力；对于滑动面为连续的曲面或不规则（较陡）折线段所组成且滑坡体间无明显相对错动的滑坡，可采用 Janbu（杨布）法计算滑坡推力传递系数（不平衡推力法）进行分析[52]。

1. 基本假定

（1）假设滑坡体为连续且不可压缩的介质，由坡后向坡前传递下滑力并作整体滑动。

（2）横向按每米宽计算，忽略其两侧的摩阻力。

（3）每段滑坡体的下滑力方向与其所在滑块的滑动面（带）平行。

（4）当滑体上层和下层的滑动速度大体一致时，作用在任一分界面上的推力分布图形可假定为矩形；对于软塑或塑流滑坡，底部滑速往往大于其表层，其推力分布图形为三角形；介于上述两种情形之间者，推力分布图形可假定为梯形。

（5）凡计算出任一段的剩余下滑力出现负值，表明无剩余下滑力向下传递，再从此段以下重新计算。

（6）当滑坡主轴断面在平面上为折线时，折点以上的剩余下滑力应乘以 $\cos\theta$ 折减后再向下传递（θ 为滑动体受侧向边界阻碍而转向时的转折角）。

2. 计算公式

计算滑坡推力时，作用于单宽滑体任一条块 i 上的力系如图 5-5 所示。其大体分为：

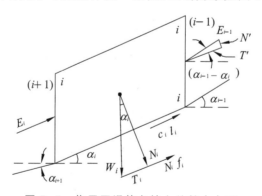

图 5-5　作用于滑体条块上的基本力系

（1）$N_i = W_i \cos a_i$，第 i 条块重力对滑面的垂向分力（kN/m）。W_i 为第 i 条块的单位宽度滑体自重，作用于该条块的重心，方向垂直向下（kN/m）。

（2）$T_i = W_i \sin\alpha_i$，第 i 条块重力对滑面的切向分力（kN/m）。

（3）E_{i-1}，自上一条块传递来的剩余下滑力，作用于分界面的中点，方向平行于第 $i-1$ 条块滑面，指向下滑方向（kN/m）。

（4）E_i，第 i 条块的剩余下推力，方向平行于本条块滑面（kN/m）。

（5）$R_i = N_i$，滑床反力，作用于本段滑面中点，方向垂直于滑面向上（kN/m）。

（6）$S_i = N_i f_i + c_i l_i$，滑面抗力，方向平行于该段滑面，指向反滑动方向（kN/m）。其中：c_i 为第 i 条块滑带（面）岩土的内黏聚力（kPa）；f_i 为滑面上岩土的内摩擦系数 $f_i = \tan \varphi_i$，φ_i 为滑动面上岩土体的摩擦角（°）；l_i 为第 i 条块滑面的斜长（m）。

传递系数法的基本原理是将滑动力和滑移速度大体一致的滑体作为一个计算单元，在顺滑坡方向的纵断面地质图上，根据滑面产状、岩土的性质以及地面转折点将滑体划分成若干地质条块，自上而下分别计算各条块分界面上的剩余下滑力，即是该部位的滑坡推力。此方法适用性强，能够适用于任何形状的滑面，即使是不等厚滑体，纵断面图中滑面为折线形式，各滑段的内摩擦角和内聚力不同也适用。传统计算滑体条块 i 剩余下滑力的公式为：

$$E_i = KW_i \sin \alpha_i - W_i \cos \alpha_i \cdot \tan \varphi_i - c_i l_i + E_{i-1} \psi_i \tag{5-11}$$

其中 ψ_i 为传递系数，表达式为：

$$\psi_i = K \cdot \cos(\alpha_{i-1} - \alpha_i) - \sin(\alpha_{i-1} - \alpha_i) \cdot \tan \varphi_i \tag{5-12}$$

式中：α_i、α_{i-1}——第 i 条及第 $i-1$ 条块底滑面的倾角（°）；

E_{i-1}——自上一条块传递来的剩余下滑力，指向下滑方向（kN/m）；

E_i——第 i 条块的剩余下推力（kN/m），方向平行于本条块滑面。

5.3.2 耦合结构参数的确定

5.3.2.1 围桩参数的确定

基于第 2 章的分析，桩数采用 6 根围桩较为合理；采用桩周配筋方式的钢筋混凝土灌注桩；桩顶部用连梁连接；桩径视滑坡推力的大小，一般在 0.4 ~ 0.6 m 范围内选用，计算滑坡推力较大时取上限；围桩的锚固段采用 1/3 ~ 2/5 桩长，围桩的总长根据桩底支承情况、滑体性质、滑坡推力等综合确定。

5.3.2.2 围桩间距的确定

通过桩间土拱理论和绕流法综合确定的桩间距控制式，详见第 2 章的相关计算。桩间距主要与桩间岩土体参数、桩体参数、滑坡推力大小等因素有关。通过土拱模型试验得出的土体 c、φ 值越小，桩间越难形成土拱效应，则必须通过减小桩间距来进行控制；同时也可以参考当前滑坡治理中微型桩间距工程实例，经综合比较后最终确定。

5.3.2.3 桩底锚固情况

土拱的形成与桩底锚固情况有关。一般情况下，桩底存在以下三种锚固形式：

（1）若桩底地层为土体、松软破碎岩石时，在滑坡推力作用下，现场试验表明，在抗滑桩底出现了明显的位移和转动，则将桩底作自由支承处理。

由于围桩各桩顶的连梁与桩底的支承条件都会对耦合结构产生约束作用，因此对结构整体性和刚度影响很大。若桩底为自由支承，则在滑坡推力作用下，土拱拱脚容易出现松动，桩间土拱就难以形成，不能发挥桩间岩土体本身的强度特性。此时耦合结构的整体刚度主要是微型桩刚度在发挥作用。

（2）若桩底岩层完整，且地层坚硬，但桩嵌入岩层不深，则将桩底作铰支承处理。

当桩底为铰支承时，在滑坡推力作用下，土拱拱脚不发生破坏，较自由支承方式好很多，能够发挥桩间岩土体本身的强度特性，围桩与岩土体共同抗滑。

（3）若桩底岩层完整、十分坚硬，桩嵌入岩层较深时，则将桩身作固定端处理。

当桩底为固定支承时，桩底对耦合结构的约束进一步增加，耦合结构的整体性更加明显，桩间岩土体被各围桩约束，并为土拱效应提供条件，此时形成的土拱更加能发挥土体强度，形成最佳桩土耦合体，充分发挥耦合结构的整体刚度。

5.3.2.4 桩顶连接情况

若桩顶为理想刚性固结[53]，与桩头自由、铰接相比，其结构水平位移量将大大降低。对于单桩来说，采用 m 法进行水平位移量计算。结果表明：桩头自由、铰接时水平位移量为理想固结时的 2.6 倍。但在实际工程中，桩顶连梁由于施工原因很难形成理想刚性固结状态，其真实状态一般介于固结与铰接之间，使得实际水平位移量略大于理想刚性固结时的位移值。此时通常会引入嵌固度系数，用来考虑非理想固结状态对群桩承载力的影响。

5.3.2.5 桩位选择

一般将耦合结构布置在潜在滑坡体或孕育滑坡体的前中部；如果出现多个滑动面，则尽量布置在比较平缓滑面附近或前缘尚完整的地段，但应进行稳定性验算，并符合要求。

5.3.3 耦合结构内力计算

将耦合结构的计算宽度取为耦合等效直径 $D_{耦合}$，并按普通抗滑桩进行内力计算，受力分析如图 5-6 所示，主要分受荷段与锚固段两部分。下面分别进行受荷段和锚固段的内力计算。

基本假定：

（1）各围桩间的土拱充分发挥，内部形成一个耦合体，共同抵抗外荷载。

（2）滑动面以上抗滑段结构后侧的滑坡推力 E_T 采用矩形分布，考虑结构前侧的滑体抗力（或被动土压力）E_K 作用，图式为三角形分布。

（3）滑动面以下锚固段采用弹性模型。

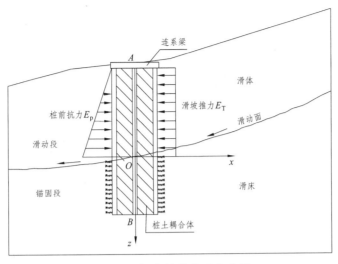

图 5-6　耦合结构的受力分析

5.3.3.1　抗滑段耦合结构的内力计算

对于滑动面以上的耦合结构内力，将抗滑段作为悬臂梁进行处理，以滑动面作为固定端支座，按一般结构力学方法进行求解，将抗滑段作为悬臂梁进行处理。计算图式如图 5-7 所示，对任意一点 N 进行受力分析。

$$\text{桩侧应力 } \sigma_{xN} = \frac{q_T - q_K}{B_P} = \frac{E_T h_1 - 2 E_K L y}{D_{\text{耦合}} h_1^2} \qquad (5\text{-}13)$$

$$\text{剪力 } Q_N = q_T \cdot y - \frac{1}{2} q_K y \qquad (5\text{-}14)$$

$$\text{弯矩 } M_N = q_T \cdot y \cdot \frac{y}{2} - \frac{1}{2} q_K y \cdot \frac{y}{3} \qquad (5\text{-}15)$$

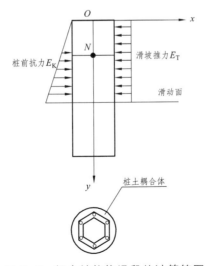

图 5-7　耦合结构抗滑段的计算简图

5.3.3.2 锚固段耦合结构的内力计算

耦合结构在外力作用下，会产生一定的变形。结构的变形主要分为两种：一种是结构位置发生变化，但结构的轴线还保持原来的线型，这种结构在地基中像刚体一样只作某些平面运动，这种变形形式对应的桩称为"刚性桩"；另外还有一种结构的位置发生了偏移，同时结构的轴线也改变，这种变形形式对应的桩称为"弹性桩"。

产生两种不同性质的变形，与结构和地基土两种介质的相对性质及耦合结构的几何尺寸有关。进行耦合结构计算时，首先要判定是刚性桩还是弹性桩。按 m 法计算时，有

当 $\alpha h \leqslant 2.5$ 时，属刚性桩；

当 $\alpha h > 2.5$ 时，属弹性桩。

其中：α 为桩的变形系数，以 m^{-1} 计，可按下列公式计算：

$$\alpha = \left(\frac{m \cdot B_{\mathrm{P}}}{E \cdot I} \right)^{1/5}$$

式中：m——侧向地基系数随深度变化的比例关系；

$\quad\quad E$——抗滑桩的弹性模量；

$\quad\quad I$——抗滑桩的抗弯惯矩；

$\quad\quad B_{\mathrm{P}}$——桩的计算宽度，对于围桩-土耦合结构，取 $B_{\mathrm{P}} = D_{耦合}$。

1. 耦合结构按刚性桩进行内力计算

在滑坡推力作用下，可将耦合结构在滑面以下部分视为锚固段，本书将采用地基系数法进行计算，将滑床土体视为弹性介质计算侧向变形和土抗力。当耦合结构埋入土层或软质岩层时，将绕桩身某点转动；当结构埋入完整、坚硬岩石的表层时，将绕桩底转动。其桩身内力的计算，根据滑动面以下地层情况的不同而有区别。本书假定桩身埋入一种地层，将滑坡推力和桩前滑面上的抗力折算成在滑面上作用的弯矩 M_0 和剪力 Q_0 作为外荷载，将滑面以下桩周围介质视为弹性体来计算侧向应力和土抗力；在滑动面处的弹性抗力系数为 A，滑动面以下 m 值为常数，桩底为自由端条件下，滑动面处岩土的地基系数随深度变化，桩底假设为自由端，从而计算桩身的内力，见图 5-8。

当 $y < y_0$ 时，侧向弹性抗力 $\quad \sigma'_y = (y_0 - y)\varphi(A + my)$

$$剪力\ Q_y = Q_0 - \frac{1}{2}B_{\mathrm{P}}\varphi Ay(2y_0 - y) - \frac{1}{6}B_{\mathrm{P}}m\varphi y^2(3y_0 - 2y) \quad\quad (5\text{-}16)$$

$$弯矩\ M_y = M_0 + Q_0 y - \frac{1}{6}B_{\mathrm{P}}\varphi Ay^2(3y_0 - y) - \frac{1}{12}B_{\mathrm{P}}m\varphi y^3(2y_0 - y) \quad\quad (5\text{-}17)$$

当 $y \geqslant y_0$ 时，侧向弹性抗力 $\sigma_y = (y_0 - y)\varphi(A + my)$

$$剪力\ \ Q_y = Q_0 - \frac{1}{6}B_{\mathrm{P}}\varphi y^2(3y_0 - 2y) - \frac{1}{2}B_{\mathrm{P}}A\varphi y_0^2 + \frac{1}{2}B_{\mathrm{P}}A\varphi(y - y_0)^2 \quad\quad (5\text{-}18)$$

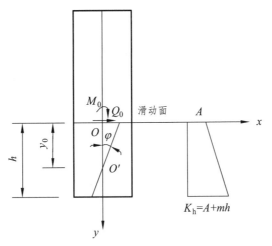

图 5-8　锚固段刚性桩的计算简图

弯矩　$M_y = M_0 + Q_0 y - \dfrac{1}{6}B_P\varphi A y^2(3y_0 - y) + \dfrac{1}{6}B_P\varphi A(3y_0 - y)^3 - \dfrac{1}{12}B_P m\varphi y^2(2y_0 - y)$　（5-19）

根据桩底的边界条件 $M_h = 0$，$Q_h = 0$ 并联立方程组求得：

$$y_0 = \frac{h[2A(3M_0 + 2Q_0 h) + mh(4M_0 + 3Q_0 h)]}{2[3A(2M_0 + Q_0 h) + mh(3M_0 + 2Q_0 h)]} \tag{5-20}$$

$$\varphi = \frac{12[3A(2M_0 + Q_0 h) + mh(3M_0 + 2Q_0 h)]}{B_P h^3[6A(A + mh) + m^2 h^2]} \tag{5-21}$$

将上述的 y_0 及 φ 代入式（5-16）～式（5-19）即可求得桩旋转中心上、下桩各截面的剪力、弯矩和桩侧向应力。

2. 耦合结构按弹性桩进行内力计算

本书按桩身受线性荷载（m 法）进行内力计算。当桩顶受水平荷载时，桩身挠曲微分方程为：

$$EI\frac{\mathrm{d}^4 x}{\mathrm{d}y^4} + myx B_P = 0 \tag{5-22}$$

式中：$myx B_P$ 为地基作用于桩上的水平土抗力（kPa）。结合抗滑桩的边界条件，可求得以下初值：

$$\left.\begin{aligned}
x_y &= x_A A_1 + \frac{\varphi_A}{\alpha} B_1 + \frac{M_A}{\alpha^2 EI} C_1 + \frac{Q_A}{\alpha^3 EI} D_1 \\
\varphi_y &= \alpha \left(x_A A_2 + \frac{\varphi_A}{\alpha} B_2 + \frac{M_A}{\alpha^2 EI} C_2 + \frac{Q_A}{\alpha^3 EI} D_2 \right) \\
M_y &= \alpha^2 EI \left(x_A A_3 + \frac{\varphi_A}{\alpha} B_3 + \frac{M_A}{\alpha^2 EI} C_3 + \frac{Q_A}{\alpha^3 EI} D_3 \right) \\
Q_y &= \alpha^3 EI (x_A A_4 + \frac{\varphi_A}{\alpha} B_4 + \frac{M_A}{\alpha^2 EI} C_4 + \frac{Q_A}{\alpha^3 EI} D_4) \\
\sigma_y &= myx
\end{aligned}\right\} \qquad (5\text{-}23)$$

式中：A_i、B_i、C_i、D_i 分别为随桩的换算深度 αh_2 而异的 m 法的影响函数值，计算如下：

$$A_i = \sum_{n=0}^{m} \frac{(\alpha y)^{(5n-i+1)} (-1)^n \prod\limits_{j=0}^{n} [5(j-1)+1]}{(5n-i+1)!}$$

$$B_i = \sum_{n=0}^{m} \frac{(\alpha y)^{(5n-i+2)} (-1)^n \prod\limits_{j=0}^{n} [5(j-1)+2]}{(5n-i+2)!}$$

$$C_i = \sum_{n=0}^{m} \frac{(\alpha y)^{(5n-i+3)} (-1)^n \prod\limits_{j=0}^{n} [5(j-1)+3]}{(5n-i+3)!}$$

$$D_i = \sum_{n=0}^{m} \frac{(\alpha y)^{(5n-i+4)} (-1)^n \prod\limits_{j=0}^{n} [5(j-1)+4]}{(5n-i+4)!}$$

式（5-23）为 m 法的一般表达式。计算时，也必须先求得滑动面处的 x_A 和 φ_A，才能求得抗滑桩桩身的位移、转角、弯矩、剪力。因此，还要根据抗滑桩的边界条件来确定 x_A 和 φ_A。

（1）当桩底固定时，$x_B = 0$，$\varphi_B = 0$，将其代入公式（5-23）的前面两式，求得：

$$\left.\begin{aligned}
x_A &= \frac{M_A}{\alpha^2 EI} \cdot \frac{B_1 C_2 - C_1 B_2}{A_1 B_2 - B_1 A_2} + \frac{Q_A}{\alpha^3 EI} \frac{B_1 D_2 - D_1 B_2}{A_1 B_2 - B_1 A_2} \\
\varphi_A &= \frac{M_A}{\alpha EI} \cdot \frac{C_1 A_2 - A_1 C_2}{A_1 B_2 - B_1 A_2} + \frac{Q_A}{\alpha^2 EI} \frac{D_1 A_2 - A_1 D_2}{A_1 B_2 - B_1 A_2}
\end{aligned}\right\} \qquad (5\text{-}24)$$

（2）当桩底为铰支端时，$x_B = 0$、$M_B = 0$、$\varphi_B \neq 0$、$Q_B \neq 0$、不考虑桩底弯矩的影响，将 $x_B = 0$、$M_B = 0$ 代入式（5-23）的 1、3 式，求得：

$$x_A = \frac{M_A}{\alpha^2 EI} \cdot \frac{C_1 B_3 - B_1 C_3}{B_1 A_3 - A_1 B_3} + \frac{Q_A}{\alpha^3 EI} \frac{D_1 B_3 - B_1 D_3}{B_1 A_3 - A_1 B_3}$$
$$\varphi_A = \frac{M_A}{\alpha EI} \cdot \frac{A_1 C_3 - C_1 A_3}{B_1 A_3 - A_1 B_3} + \frac{Q_A}{\alpha^2 EI} \frac{A_1 D_3 - D_1 A_3}{B_1 A_3 - A_1 B_3} \qquad (5\text{-}25)$$

（3）当桩底为自由端时，$M_B = 0$、$Q_B = 0$、$x_B \neq 0$、$\varphi_B \neq 0$，将 $M_B = 0$、$Q_B = 0$ 代入式（5-23），求得：

$$x_A = \frac{M_A}{\alpha^2 EI} \cdot \frac{B_3 C_4 - C_3 B_4}{B_4 A_3 - A_4 B_3} + \frac{Q_A}{\alpha^3 EI} \frac{D_4 B_3 - B_4 D_3}{B_4 A_3 - A_4 B_3}$$
$$\varphi_A = \frac{M_A}{\alpha EI} \cdot \frac{A_4 C_3 - C_4 A_3}{B_4 A_3 - A_4 B_3} + \frac{Q_A}{\alpha^2 EI} \frac{A_4 D_3 - D_4 A_3}{B_4 A_3 - A_4 B_3} \qquad (5\text{-}26)$$

将以上各种边界条件下相应的 x_A、φ_A 代入式（5-23）即可求得滑面以下桩身任意截面的内力和位移。

5.3.4 耦合结构之间的内力分配

5.3.4.1 弯矩的分配

基于上述分析，我们认为围桩-土耦合结构充分考虑了桩土耦合体共同承受外荷载，并在耦合影响范围内整体受力。围桩结构内由于土体的参与，获得了更大的抗弯能力。

当按悬臂桩法与地基系数法算得桩全长范围内的弯矩，并得出最大弯矩 M_{max} 后，结构中围桩与土体所分担的弯矩，可按式（5-27）、式（5-28）进行计算：

$$M_P = \frac{E_P I_P}{E_P I_P + E_S I_S} M_{max} \qquad (5\text{-}27)$$

$$M_S = \frac{E_S I_S}{E_P I_P + E_S I_S} M_{max} \qquad (5\text{-}28)$$

式中：M_P——耦合结构中所有围桩所分担的弯矩；

$\quad\quad M_S$——耦合结构中土体所分担的弯矩。

耦合结构中各围桩分担的弯矩为

$$M_{围桩} = \frac{M_P}{n} \qquad (5\text{-}29)$$

5.3.4.2 剪力的分配

耦合结构在承受滑坡推力时，同理可求出耦合结构共同体的最大剪力 Q_{max}，其抗剪强度由耦合结构中各钢筋混凝土围桩与耦合结构影响范围内的土体共同承担。

$$Q_{max} = \tau_P A_P + \tau_S A_S \qquad (5\text{-}30)$$

式中：Q_{max} ——耦合结构所能承担的剪力；

$\quad\quad\quad \tau_P$ ——围桩的抗剪强度；

$\quad\quad\quad \tau_S$ ——耦合影响范围内土体的抗剪强度；

$\quad\quad\quad A_P$ ——耦合结构内围桩的总面积；

$\quad\quad\quad A_S$ ——耦合影响范围内土体所占的面积。

5.3.5 围桩的配筋设计

按照上述分配方法，能够求得各围桩的最大弯矩和剪力，再按照现行的钢筋混凝土设计规范，对于受弯构件，结构设计一般采用承载能力极限状态法进行计算，若截面强度符合现行设计规范的要求，无特殊要求时，无须作变形、抗裂、挠度等项的检算。

桩身材料一般为 C25 混凝土，当地下水有侵蚀性时，可根据侵蚀介质的性质、浓度等按规定选用，各组成材料应符合规范要求。结构应力计算如图 5-9 所示。

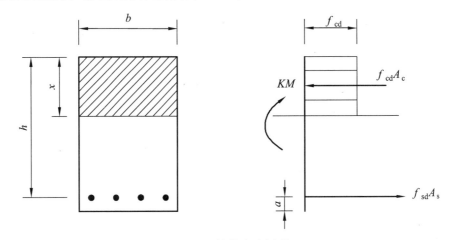

图 5-9　结构应力计算

纵向受力钢筋所需要面积 A_s 按下列公式计算：

$$A_s = \frac{KM}{f_{sd}\left(h_0 - \dfrac{x}{2}\right)} \qquad (5\text{-}31)$$

式中：x ——耦合结构受压区的高度，可根据应力的极限平衡求得。

$$x = \frac{f_{cd}bh_0 \pm \sqrt{f_{cd}^2 b^2 h_0^2 - 2f_{cd}bKM}}{f_{cd}b} \qquad (5\text{-}32)$$

式中：f_{cd} 为混凝土抗压强度设计值；f_{sd} 为钢筋的抗拉强度设计值。

x 也可表示为：

$$x = \frac{f_{sd}A_s}{f_{cd}b} = \frac{f_{sd}A_s}{bh_0 f_{cd}} h_0 = \rho \frac{f_{sd}}{f_{cd}} h_0 \tag{5-33}$$

式中的 ρ 为配筋率，必须满足结构设计规范中所规定的最小配筋率和最大配筋率的要求，同样还需要进行抗剪强度的校核，并设置箍筋。

其控制表达式为：

$$KQ_P \leqslant Q_{ku} \tag{5-34}$$

式中：K 为结构的设计安全系数；Q_{ku} 为桩体材料所能够承受的剪力值，可按下式计算：

$$Q_{ku} = 0.7 f_{cd} b h_0 + \alpha_{ku} f'_{sd} \frac{A_k}{s} h_0 \tag{5-35}$$

式中：α_{ku} 为抗剪强度影响系数；A_k 为同一截面的箍筋面积；f'_{sd} 为钢筋的抗拉强度设计值；s 为箍筋间距。

5.4 算例分析

5.4.1 概　述

某滑坡位于一级阶地上，自然倾角约为 20°，滑动区分为东西两个滑体，其中西侧滑坡体范围为东西宽 90 ~ 100 m，南北长 100 ~ 130 m，剪出口位于江岸基岩出露边界处。滑体主要为全新统的堆积物，以黏土、粉质黏土为主并夹杂碎石。下伏基岩为千枚岩，其层理倾向北偏东 30° ~ 40°，倾角 43° ~ 75°。基岩与上部第四系地层已成角度不整合接触，经勘查发现，滑体在靠近上缘的第四系堆积物中已形成滑面，而滑体下部将沿基岩面滑动。

传递至单位耦合结构上的滑坡推力为 E_T = 100 kN/m，并按矩形分布；桩前抗力 E_K = 20 kN/m，按三角形分布，该处滑动面近似水平，则不考虑滑坡推力的垂直分力。室内试验可得滑坡体参数为黏聚力 c = 36.6 kPa、内摩擦角 φ = 28°，滑体容重 γ = 19 kN/m³；滑床土的黏聚力 c = 28 kPa、内摩擦角 φ = 43°，滑床容重 γ = 20 kN/m³，坡角 25° ~ 45°；地基系数采用比例系数 m = 30 000 kN/m⁴。

5.4.2 治理方案

根据滑坡体的性质，本书采用围桩-土耦合抗滑结构进行加固治理。各围桩桩径采用 0.4 m；平面上呈正六边形布置；围桩间距由第 2 章控制式（2-28）、式（2-30）、式（2-32）、式（2-33）求得，通过比较取围桩间距为 1.6 m；桩长为 20 m；埋入滑床深度为 8 m。抗滑结构布置如图 5-10 所示。

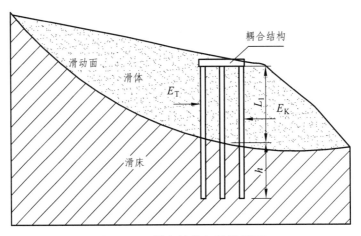

图 5-10　耦合结构与边坡断面

5.4.3　内力计算

5.4.3.1　耦合结构计算宽度的确定

耦合结构的围桩桩径为 0.4 m，桩数为 6，则 $\theta = 60°$，$l = 1.6$ m，$\varphi = 28°$，代入式（2-38）得：

$$B_\mathrm{P} = D_{耦合} = \sqrt{\dfrac{4 \times n \times \left(\dfrac{l^2}{4\tan\dfrac{\theta}{2}} + \dfrac{\sqrt{2}}{4}dl + \dfrac{l^2}{6\tan\varphi} \right)}{\pi}} + \dfrac{\sqrt{2}}{4}d = 4.18\ \mathrm{m}$$

5.4.3.2　耦合结构内力

按计算宽度为 4.18 m 的抗滑桩进行内力计算分析，代入编制的抗滑结构计算程序，得到其耦合体全长范围内的内力图如图 5-11 所示，计算结果见表 5-1。

表 5-1　锚固段内力计算

桩埋深/m	侧应力 σ/kPa	剪力 Q/kN	弯矩 M/（kN·m）
0	99.24	640	4 160
0.8	101.60	268.41	4 523.94
1.6	97.36	− 99.71	4 590.37
2.4	86.50	− 440.05	4 371.80
3.2	69.02	− 728.26	3 900.19

桩埋深/m	侧应力 σ/kPa	剪力 Q/kN	弯矩 M/（kN·m）
4	44.94	-940	3 226.98
4.8	14.24	− 1 050.94	2 423.07
5.6	− 23.06	− 1 036.75	1 578.84
6.4	− 66.98	− 873.08	804.13
7.2	− 117.52	− 535.61	228.26
8	− 174.671	− 1.13×10⁻¹³	2.444×10⁻¹²

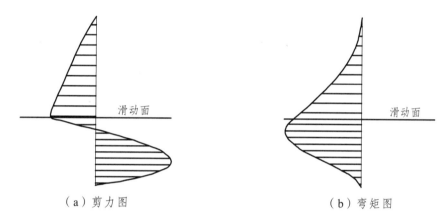

（a）剪力图　　　　　　　　　　　　（b）弯矩图

图 5-11　耦合结构内力图

从上述图表中可知：

侧应力为 0 的一点即为剪力最大点，求得当埋深 $y = 5.12\text{ m}$ 时 $\sigma_y = 0$，$Q_{max} = -1061.64\text{ kN}$；剪力为 0 的一点即为弯矩最大点，求得当埋深 $y = 1.38\text{ m}$ 时 $Q_y = 0$，$M_{max} = 4\,601.40\text{ kN·m}$。

再根据弯矩和剪力分配原则将其分配到各围桩上，最后进行围桩的结构配筋设计。

5.5　本章小结

（1）提出了耦合结构的适用条件、设计原则、设计步骤、设计方法，采用耦合影响直径作为结构的计算宽度，将结构作为一个耦合大桩进行内力计算，并得出不同边界条件下结构体任意深度上的内力计算公式。

（2）对耦合结构内部围桩与土体的内力分配问题作了讨论，并开展具体工程实例耦合结构的设计计算。

第6章 主要结论与认识

6.1 主要结论

本篇从围桩-土耦合桩合理性探讨出发,通过模型试验和数值模拟揭示了结构的耦合机理,提出了围桩-土耦合桩设计计算方法,通过实例验证了其抗滑效果。主要得出以下结论:

(1)对于以黏性土为主的中型滑坡治理,采用6根围桩,呈正六边形布置,围桩间距控制在3~4倍围桩桩径范围内,形成的围桩-土耦合结构是较为合理的。

(2)通过室内模型试验,测试了耦合式抗滑桩不同部位、不同深度土体及围桩的变形及受力特征,探讨了耦合式抗滑桩中围桩-土的作用机理,得到了各围桩桩身弯矩分布和耦合结构的水平位移变化模式,揭示了耦合效应工作机制。

(3)采用FLAC3D软件建立了围桩-土耦合式抗滑桩加固的三维模型;从围桩平面布置形式、耦合式抗滑桩工作机理、施加预应力锚索等方面,对比分析了围桩-土的位移和围桩间的土拱效应,确定了耦合作用的最佳平面布置形式,揭示了耦合作用机理并给出了合理的围桩间距。

(4)分析了围桩-土之间有效耦合效应的耦合式抗滑桩间距等参数,探讨了耦合桩可能的破坏模式。通过土拱理论分析揭示了围桩-土耦合结构的工作机理,表明在内力计算中将耦合影响范围看作一个大截面的抗滑桩处理是合理的。

(5)在国内外率先提出了新型耦合式抗滑桩内力解析计算方法,基于桩土耦合共同体算得结构内力并提出了结构体内各围桩与土体的内力分配方法,为推广应用该抗滑结构提出了使用条件和参考设计参数。

6.2 展 望

围桩-土耦合结构中的围桩内的桩土相互作用是一个十分复杂的问题。本书在分析桩-土耦合过程时是建立在一些假定基础上讨论的,桩-土之间的变形协调关系还需要通过大量的实践来验证,围桩-土耦合理论还有待进一步的深入研究。

第 2 篇

基于高铁路基蠕滑特性的
拱弦式耦合抗滑结构研究

第 7 章 绪 论

7.1 问题的提出

高速铁路对线路平顺性要求高，大量采用桥梁和隧道以满足高速铁路快速运行的要求，但在桥隧相连地段则必须以填筑路基或开挖路堑方式过渡，不可避免地会在斜坡地段出现半填半挖路堤。路堤本体与原有坡体存在天然结构面，而我国南方雨季持续时间长、降雨丰沛，雨水长期入渗软化路基填土及地基土，加上列车循环动力作用极易导致路堤边坡产生蠕滑现象。

典型的如 2016 年 5 月 29 日，合福高速铁路某隧道出口上行 DK1598+130 出现晃车，经现场检查发现路隧分界里程 3 m 范围内出现开裂（缝宽 2 mm），隧道与路基分界里程处轨道板存在横向水平错台（错台量达 9 mm），见图 7-1。笔者 2016 年 6 月 2 日通过对合福铁路童游隧道进口段路基病害现场调研并结合变形数据，得到产生偏移的原因主要是路堤及明洞地基处在全风化云母石英片岩之上，修建时原承载力虽然满足要求，但由于后期遇水发生崩解、软化，导致抗剪强度降低，特别是长期、连续降雨下渗，导致明洞及低山侧线路蠕滑变形；而隧道明洞以上山体总体稳定。核心问题是明洞出口段及路堤产生蠕滑，桥台支护作用的存在使之产生北西方向蠕动之趋势。当时从提高低山侧填土抗剪强度、减少和限制地表水下渗的角度出发，建议采取注浆固结低山侧土体并增加微型桩加固、增建和维修截排水沟的措施。但由于处理需要一个过程，2016 年 7 月 1 日到 7 月 7 日监测发现：靠近桥台位置监测点变形变化较大，累计为 6.8 ~ 7.1 mm，桥梁支座垫石相对位移并已挤压开裂，见图 7-2；桥梁各个墩、台 2016 年 7 月 2 日监测资料较 2015 年 7 月，显示累计变化量从 21.6 mm 到 32.4 mm，充分证明路堤蠕滑已经挤压影响到桥梁的安全。

图 7-1 路基开裂

图 7-2　桥台支座垫石开裂

长期以来，高速铁路路基修建注意力集中于路桥过渡段，因此，普遍认为高铁路基经过强化处理不会出现问题，使得学术界对其关注甚少。高速铁路运营以来，由于福建、江西等南方山区降雨量大、持续时间长，加上铁路建设多穿行于变质千枚岩、炭质片岩等软弱风化岩地层中，开建前对其强度湿化衰减特性及填方路堤边坡蠕滑机理研究滞后，一旦出现问题，如何达到蠕滑路堤"零"变形控制十分棘手。考虑到高速铁路对路堤、桥墩台变形要求控制在毫米级以内，即治理后要求路堤位移微小甚至不能有变形，这里姑且称为"零位移"控制，本书初步提出采用新型拱弦式耦合抗滑结构[54]。这方面的研究工作及文献资料国内外也很鲜见。严峻的现实再一次提醒我们，有必要开展降雨入渗下高铁路基蠕滑特征与变形控制研究，以期最大程度减少路基病害。

7.2　降雨入渗对路基边坡稳定性影响研究

1997 年 3 月 26 日，英属哥伦比亚 Conard 地区某铁路线路，由于融雪和当天的强降雨，路基中"水敏感性"很强的冲积土层基质吸力大幅度下降，路基内部孔压上升、土体强度降低，在列车以 165 km/h 的速度通过时，路基失稳、线路坍塌，造成多人重伤。2009 年 7 月 7 日至 8 日，由于连续普降暴雨，我国开工最早的高速铁路客运专线石太客专发生了严重的路基下沉事故，其中，K178+910、K158+300、K106+300 三处路基沉降量分别高达 64.2 cm、16 cm、9.7 cm，严重影响了铁路线路的正常运营。在日本，雨水侵蚀路基导致新干线路基下沉，运行速度降低。

大量路基失稳是由于连续降雨下渗导致地下水位抬升而直接触发的。在实际工程中，路基基床及路基本体一般采用规范要求的填料进行填筑，其强度受降雨的影响较小，但路基下部的坡体则可能受降雨影响较大，特别是当路基下部边坡为土质和风化破碎岩质时，其稳定性与降雨入渗变化密切相关。针对降雨导致的路基及边坡的失稳情况，已有诸多学者进行了探索性研究。

7.2.1 理论计算方面

Muntohar 等[55]结合我国台湾山区的实际工程案例，将 Green-Ampt 入渗模型应用至边坡降雨入渗规律的计算中，探讨了降雨入渗的机理，并分析了边坡的稳定性，预估了边坡的失稳时间。Cho[56]建立了土质边坡上滞水下渗的一维入渗模型，在考虑不同降雨重现期和持续时间的前提下，提出了两层土边坡的稳定性分析方法。该方法可以用于确定不同降雨条件下浅层边坡破坏的可能性。Lade[57]指出，采用经典的莫尔-库仑破坏准则对无限边坡的稳定性分析是偏于不安全的，可以采用幂函数的形式表示土体有效强度包络线，依据屈服准则和降雨入渗试验计算出斜坡的表层破坏。Salciarini 等[58]结合降雨概率与数理统计分布图，基于空间分布情况建立了降雨持续时间和坡面特征参数的关系函数。Santoso 等[59]提出了一种用于评估降雨条件下非饱和土边坡稳定性的概率框架，并基于土壤空间变异的概率对降雨诱发的滑坡进行了研究，指出降雨引发边坡浅层失稳的原因为地表附近土出现了正的孔隙水压力。黄润秋等[60]依托露天矿山边坡，基于非饱和渗流理论对降雨入渗工况下边坡的稳定性进行了分析，得出了边坡稳定系数随降雨历时增加而减小的结论。朱文彬等[61]通过土水特征曲线分析了土体的非饱和抗剪强度与含水率的关系，并将雨水的渗流场和应力场进行耦合，采用极限平衡分析方法分析了边坡的稳定性。汪丁建等[62]结合非饱和土有效应力原理和饱和土的朗肯土压力公式得到了非饱和土的朗肯土压力计算公式，并结合推导出的解析解将降雨入渗时的非饱和土压力表示为时间和深度的函数。王叶娇等[63]预测了非饱和土的导水系数曲线和土水特征曲线，分析了影响边坡稳定的因素，得出了非饱和土边坡降雨入渗条件下的临界深度计算公式。周永强、盛谦[64]依托某高陡滑坡工程，运用非饱和渗流理论探讨了降雨、库水位升降对坡体渗流场的影响，计算了降雨和库水位升降共同作用下边坡的稳定性。

7.2.2 模型试验方面

Lee 等[65]建立了砂石、砂石粉质土、砂质粉土、淤泥四种典型的物理试验模型，并采用较高的降雨量对其性能进行了测试，探讨了降雨入渗条件和非饱和土的基质吸力变化对边坡稳定性的影响。胡明鉴等[66]依托蒋家沟某滑坡工程，通过设置不同的前期、临界和后期降雨量进行降雨致灾试验，结果表明，三种降雨量之间会产生相互影响。王继华[67]对降雨入渗条件下边坡的土水作用机理进行了分析，并结合试验和理论分析方法对边坡的稳定性进行了预测预报研究。简文星等[68]依托某黄土边坡，进行了现场降雨、土体含水率和基质吸力的监测，结合双环渗透试验，基于 Gree-Ampt 模型得到了可以考虑坡体倾角和降雨强度的降雨入渗模型。李龙起等[69]采用人工降雨和光纤监测技术，对顺层边坡在不同降雨类型和支护条件下的稳定性进行了试验研究，探讨了降雨入渗对边坡变形及支护结构力学特性的影响。邢小弟等[70]将渗流场和应力场进行耦合分析，得到了土体抗剪强度随降雨历时变化的表达式，并对简化的毕肖普法进行了降雨状态下的修正，结果表明，边坡的稳定系数随土体瞬态含水率的增加而降低。詹良通等[71]采用离心机模型试验研究了降雨强度对粉土边坡稳定性的影响，结果表明，该边坡的破坏过程为坡脚先行破坏，随后破坏区向上扩大，并发生浅层滑坡。

7.2.3　数值分析方面

目前采用的数值分析手段较多，包括有限元和离散元等分析方法。Hu Ran 等[72]基于平均混合理论和连续介质力学理论，建立了分析多孔介质中变形、水、气的有限元数值分析模型，计算分析了持续降雨过程中土体内的变形、气体运输和湿润锋的变化过程。包承纲提出采用"含水率→吸力→抗剪强度→边坡稳定性"的评价思路对非饱和土边坡的稳定性进行分析。姚海林等[73]针对膨胀土的特殊性，提出了可考虑裂隙及雨水入渗影响的边坡稳定性分析方法。张我华等[74]根据降雨裂缝渗透影响下软弱夹层介质有效刚度的侵蚀软化情况，对降雨渗透影响下山体边坡的失稳灾变机理进行了分析。黄茂松等[75]采用二维数值分析的方法，探讨了降雨工况下土体内的水压力变化情况和浸润线的位置，并针对含软弱夹层的边坡提出了降雨入渗下边坡稳定性分析的最大值法。付宏渊等[76, 77]通过饱和岩石的软化试验，将边坡的含水率与岩石的强度指标结合起来，采用强度折减法探讨了降雨入渗对边坡稳定性的影响。李海亮等[78]进行了降雨条件下是否考虑渗流场和应力场耦合的非均质边坡的稳定性分析，对比了两种工况下渗流场的计算差异，强调了渗流场和应力场耦合的必要性，探讨了降雨入渗下非均质土坡的失稳机理。孔郁斐等[79]以降雨历时和降雨强度为影响因素，探讨了降雨过程中和降雨结束后不同时段内边坡土体的孔隙水压力和基质吸力的变化情况，评价了非饱和土边坡的稳定性，并将计算结果应用至工程实例中验证了计算结果的准确性。陈芳等[80]采用Phase2有限元分析软件进行了降雨条件下边坡的应力场、孔压场的变化情况分析，得出了边坡稳定性的数值评价分析模型。张磊等[81]将土粒运移方程、非饱和土力学特性方程和土体的本构方程相结合，考虑渗流水对边坡的融蚀效果，研究了进气值、渗透系数等因素对边坡稳定性的影响规律。刘鸿等[82]依托锦屏水电站工程，采用数值分析软件得到了不同降雨条件下不同深度的动水压力、边坡安全系数的变化规律，并根据计算结果提出了加固前、后边坡稳定性计算方法。

7.3　滑体空间效应研究现状

卢坤林收集了522个失稳边坡案例，对滑体长高比统计分析表明，82.4%的滑体长高比介于 0.5～5.0，无论是天然边坡还是人工边坡，均呈现出典型的三维空间效应，即中部滑体深度最大，向两侧滑体深度逐渐减小，如图7-3所示。

图 7-3 路基边坡破坏实例

7.3.1 滑体空间效应分析方法研究

目前,针对滑体空间效应研究的方法主要包括极限平衡分析方法和极限分析方法。

7.3.1.1 极限平衡分析方法

国内外学者提出了很多种极限平衡分析方法。Zhang Xing[83]假设滑动面为对称的椭球面,将 Spencer 法推广到三维滑坡中。Huang 等[84]假定每个条柱底面具有不同摩擦方向,将 Bishop 法扩展到三维滑坡中,并根据垂直滑动方向和绕着滑动方向的力矩平衡获得了边坡的安全系数。Chang[85]参考边坡的实际破坏模式,将滑体分割为楔块体,提出了一种三维极限平衡分析方法。Silvestri 提出了一种针对黏土边坡球状破裂面的边坡极限平衡分析方法。Zheng[86]提出了一种类似 M-P 方法假设的严格三维极限平衡分析方法。Deng[87, 88]、Jiang[89]、Zhou[90]也都分别提出了各具特色的极限平衡分析方法。

陈祖煜[91]提出了一种满足 4 个平衡方程,适用于任何滑体形状的三维极限平衡分析方法,该方法属于三维 Spencer 方法的范畴。杜建成等[92]将不平衡推力法推广至三维滑坡,并运用至实际工程中,取得了较好的效果。谢谟文等[93]将改进的 Hovland 法与 GIS 空间数据分析功能相结合,提出了一种基于 GIS 的分析方法。张均锋[94]将 Spencer 法和严格 Janbu 法拓展到三维情况,该方法满足所有条块的力和力矩平衡条件,适用于任何形状滑体的情况。李同录等[95]考虑条间作用力和滑面底剪切力方向对边坡稳定性的影响,提出了一种改进的计算方法,该方法假定条柱分界面处于极限平衡状态,通过单个条柱的静力平衡条件推导了边坡的稳定系数计算公式。张常亮等[96]提出了边坡三维极限平衡分析方法的通用形式。陈昌富等[97]基于类似于 M-P 方法的条间力假定,建立出了 M-P 法的极限平衡分析方法。

7.3.1.2 极限分析方法

R.L.Michalowski[98]基于严格塑性极限分析框架，将三维滑体划分为一系列的与边坡走向平行的三棱柱或者四棱柱刚性块体，相邻块体的交界面与滑体的对称轴垂直；三维滑体的两端由各个棱柱体的三角形或者四边形的断面组合而成，且各个端面与竖直方向存在一定的夹角，如图 7-4 所示。

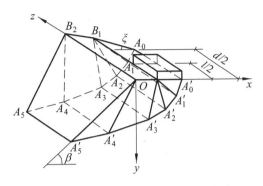

图 7-4　R.L.Michalowski 滑体模型

O.Farzaneh 等对 R.L.Michalowski 提出的边坡破坏模型进行改进，提出了可以考虑滑体穿过坡趾附近不同位置的破坏模型。该破坏模型可以用于滑体的几何形态受到坡高、沟谷、基岩等影响的特殊工况下的三维边坡，如图 7-5 所示。O.Farzaneh 等[99]还提出了可用于评估圆形凸坡稳定性的上限分析方法。该方法中的滑体由一系列的刚性滑动块体组成，块体两端各有一个与竖直对称面呈一定夹角的横向面。Z.Y.Chen[100]按一定的规则将滑体离散成一系列具有倾斜面的三维条块，并给出了两种构造滑体的方法：一种用椭球面来构造端部宽度确定滑体形状，一种基于滑面或者破坏模式确定岩质边坡滑体形状。

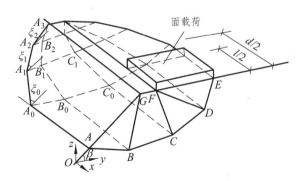

图 7-5　O.Farzaneh 等提出的滑体模型

7.3.2 考虑滑体空间效应的抗滑措施研究

当考虑滑体三维特性时，滑体中部推力较大，边缘则有着较小的推力，按照常规

115

方式采用等间距或者等排数布桩存在较大浪费；虽然已有部分学者意识到了此类问题，但目前基于滑体三维特性进行抗滑措施设计的研究仍然较少。

T.K.Nian[101]基于上限分析方法对抗滑桩的最优设桩位置、土的非均质性和各向异性对边坡稳定的影响进行了分析，推导了抗滑桩加固三维边坡的安全系数上限表达式。Y.F.Gao[102]等和 P.P.Rao 等[103]基于滑体的牛角状三维破坏机制，对设桩的位置和桩间距等设计参数进行了优化分析。

李长冬等以二里半滑坡为依托，将滑体的三维形状简化为规则的 1/2 椭球形状，并基于该椭球形状分析了滑坡推力的分布情况，结果表明，滑坡推力呈现出抛物线特征，推力由中部向两侧逐渐变小直至减小至 0；随后基于抛物线分布的滑坡推力形式对抗滑桩的布置位置进行优化，提出不等间距布桩方法，优化后的布桩方式减少了19.4%的桩体数量。张志伟等[104]和王辉[105]针对深槽型滑坡和圈椅状滑坡的整治，均提出采用拱形抗滑结构，并针对拱形抗滑结构开展了一系列的研究。

7.4 抗滑结构研究现状

滑坡体因地质条件和影响因素多变，治理措施也有所不同，目前就抗滑结构也有多种形式。抗滑结构根据其特点可归为以下两类：

单体式抗滑结构：主要分为抗滑挡墙、抗滑键、抗滑桩、抗滑锚杆、抗滑锚索以及硐锚型等。其中桩体结构由单桩、单锚索或者单桩+锚索组成，除锚索框架外一般不含有连系梁。

组合式抗滑结构：一般由两根以上桩体和连系梁组成，呈空间结构形式置于坡体中，必要时施加预应力锚索，典型特征是在桩顶或桩间有连系梁。

目前已有诸多学者对单体式抗滑结构进行了深入研究，其力学特性比较明了；相对于单体抗滑措施，组合抗滑结构因其结构形式本身的复杂性导致结构力学特性较为复杂，这里着重对组合结构研究现状进行分析。

组合抗滑结构典型的有：门架式双排桩、h 形抗滑桩、拱形抗滑桩、品字形抗滑桩、微型桩组合结构、围桩-土耦合式抗滑结构、微型桩锚组合抗滑结构[106-109]、加筋土组合支档结构[110, 111]、抗滑桩-拱形系板挡土墙组合结构[112]、梯形断面竖向预应力锚索抗滑桩[113, 114]、系梁型抗滑桩[115]、斜插式桩板墙[116-118]、椅式桩板墙[119, 120]等数十种形式。

7.5 围桩-土耦合式抗滑桩研究及进一步的深化研究

围桩-土耦合式抗滑桩是组合式抗滑结构的一种。鉴于一般"微型桩群"在滑面附近以及桩顶均产生较大变形[121]，以及它不能真正形成桩-土耦合发挥土的自身强度的缺陷，2006 年，郑明新及其课题组提出"围桩-土耦合式抗滑桩"，即采用钻孔桩 5～6 根（直径≥400 mm）与桩间岩土体共同耦合成正五边形或六边形的柱体，并将其顶部用刚性连系梁牢固连接形成一个超静定框架结构，见图 7-6。它侧重于对地质体的改造和与地质体的有利组合。

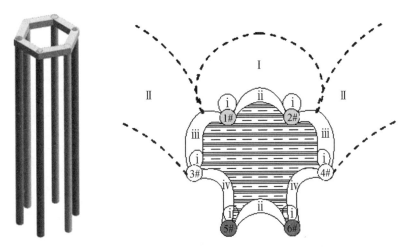

图 7-6　围桩-土耦合式抗滑桩及其土拱分布

传统抗滑桩对大型、深层滑坡治理有效，而在高速铁路桥墩、台附近施作抗滑桩既不容许挖孔又不能发挥其优点；前面提出的"围桩-土耦合式抗滑桩"又难于做到治理后变形"零位移"。为此，基于路基蠕滑特征（一般为中浅层滑动），我们尝试提出一种既不影响行车而又可使路堤微小变形的"拱弦式耦合抗滑结构"，其平面雏形见图 7-7。该结构将多个"围桩-土耦合式抗滑桩"通过刚性弦和刚性拱连系起来，构成刚度更大，抗弯、抗剪能力更强的新型抗滑结构。基于以上几点，围桩-土耦合式抗滑桩相对传统抗滑桩和微桩排桩而言，充分利用了土体自身的强度来达到抗滑目的，是一种主动加固的被动桩，与地质环境和生态环境易于协调，具有很高的社会效益和综合经济效益。

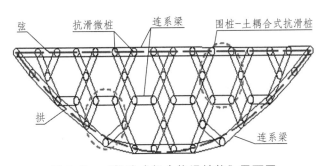

图 7-7　"拱弦式耦合抗滑结构"平面图

7.6   研究内容和研究思路

7.6.1   主要研究内容

本篇在研究路基蠕滑形成机理和蠕滑体变形特征的基础上提出合适的整治措施，针对提出的新型抗滑结构开展耦合特性和计算方法研究，包括以下几方面：

1. 高速铁路路基蠕滑机理研究

针对某高速铁路过渡段轨道板错缝、路基边坡及桥梁支座垫石开裂问题，分析区域地形地貌、地质勘查资料和现场变形监测数据，对变形范围及变形规律进行初步分析；在分析降雨入渗条件下土体强度湿化衰减规律的基础上，通过建立降雨及列车荷载共同作用下的数值分析模型，分析降雨入渗和路基的变形规律，揭示路基蠕滑发生、发展的机理及影响因素。

2. 路基蠕滑特性分析及新型耦合抗滑结构的提出

依据现场调研，结合勘查、试验资料和数值分析确定蠕滑体的空间形态，通过比选，基于已有围桩-土耦合式抗滑桩，考虑蠕滑体的空间效应提出一种新型耦合抗滑结构。

3. 新型耦合抗滑结构力学特性及理论计算方法研究

首先，采用模型试验分析抗滑结构的变形及受力规律，探讨优化布桩方式；其次，探讨新型结构耦合效应的形成机制和形态特征，分析各影响因素对结构耦合抗滑性能的影响规律；最后，基于弹性地基梁理论，提出考虑桩土效应的"拱弦式耦合抗滑结构"的内力计算方法。

4. 新型耦合抗滑结构加固效果的检验

尝试将新型耦合抗滑结构应用于蠕滑路基治理工程并对加固效果进行检验。通过建立三维动力仿真模型，结合理论预测分析加固后路基的动态响应和长期沉降，对比分析了不同加固工况下路基的长期变形及新型抗滑结构的长期有效性。

7.6.2   研究思路

本书以某高速铁路路基蠕滑工点为依托，综合现场调研、数值分析、模型试验等手段揭示路基发生蠕滑的机理和蠕滑体的空间特性，有针对性地提出新型耦合抗滑结构并确定最优布设方式，探讨新型耦合抗滑结构的耦合效应，提出理论计算方法并开展加固效果检验。

第8章　某高铁路基蠕滑特征与拱弦式耦合抗滑结构的提出

8.1　概　述

合福高速铁路过渡段路基位于南平市建阳区，北接多跨铁路桥，南接隧道明洞，线路在研究区内基本为南北走向，东侧为高山侧，西侧为低山侧。高铁线路等级为客运专线，正线数目为双线，线路类型为无砟轨道，速度目标值为 350 km/h，运营速度为 300 km/h。

2016 年 5 月 29 日，路基与隧道交界处出现明显裂缝，隧线分界里程轨道板横向水平错台 10 mm，明洞向西侧向发生变形；东侧的路基边坡防护及排水沟有明显裂缝，最大裂缝宽度为 20 mm；路基锥坡有一条自高山侧绕至桥下并延伸至低山侧的贯通裂缝，裂缝最大宽度为 20 mm；桥台顶部向小里程（北）方向发生变形，桥台墩顶的支座垫石被挤压开裂。过渡段所在区域地形、裂缝分布情况见图 8-1。

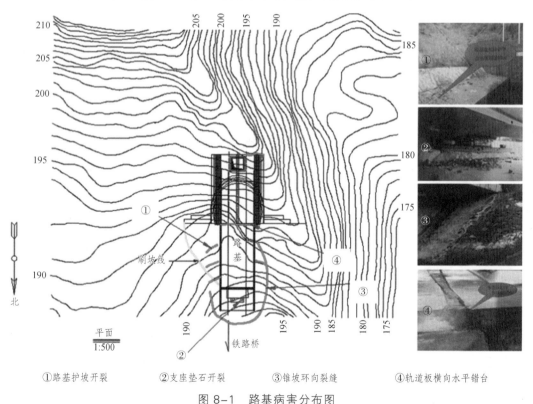

①路基护坡开裂　　②支座垫石开裂　　③锥坡环向裂缝　　④轨道板横向水平错台

图 8-1　路基病害分布图

8.2 蠕滑区的自然地理概况

8.2.1 地形地貌

建阳区处于华南褶皱系的东部、武夷山—四明山古隆起带的中段，属于闽西北隆起带。区内前寒武纪变质岩系最为发育，其次为中生代地层，地层多呈现北东向带状发育，古生代及第三纪地层在部分区域零星出露。由于闽北地区气候温热湿润，地表岩层风化强烈，常形成厚十几米甚至几十米的松散土层，成为地质灾害发生的重要基础因素；同时，区内发育不同方向的断裂带及其派生的次级断裂带破坏了岩石的整体性，为岩土体的风化创造了更有利的条件，是地质灾害发生的另一重要因素。

路基变形位于山体的"葫芦形"凹出口处，该凹出口地形后窄前宽。沿着线路的方向的地形坡度变化情况为：路基的前缘为河流深切谷地，坡体的坡度为 30°～45°；路基的后缘为长度约 60 m 的明洞段，地形坡度较缓；明洞后缘为原始山体，山体坡度约为 30°。垂直于线路方向的地形坡度变化情况为：线路的东侧为高山侧，自然坡度为 30°～35°，最大坡高较路基面高约 80 m；线路的西侧为低山侧，自然坡度为 30°～35°，最大坡高较路基面高约 50 m。

8.2.2 水文气候特性

研究区属亚热带季风气候，冬半年以偏北风为主，夏半年多偏南风，风速小、静风多，四季分明，夏长秋短，沿河地带冬季多雾。最高月平均气温 34.4 °C，出现在 2001 年的 7 月份；历年平均气温 18.7 °C，极端最高气温 41.1 °C，极端最低气温 − 8.0 °C。

年平均降水量 1 701.2 mm，降水主要集中在 4—6 月，占年降雨量的 49.4%。降雨季节分布情况为：1—6 月逐渐增加，6 月中旬降雨量达到最大值；7 月降雨量剧降，8—11 月降雨量逐渐减小，12 月降雨量稍有增加；3—4 月为春雨季，降雨量约占全年的 25%；5—6 月为梅雨季节，降雨量约占全年的 37%；7—9 月为台风季节，降雨量约占全年的 21%；10 月至翌年 2 月降雨量约占全年的 17%。

8.2.3 地层岩性与水文地质

1. 地层岩性

勘查资料揭示，岩土层按其成因分类主要有：第四系人工填土（素填土）层（Q_4^{ml}）、第四系冲洪积（Q_4^{al+pl}）粉质黏土、第四系残坡积层（Q^{el+dl}）粉质黏土、震旦系松源组（Pt_2s）云母石英片岩及侵入花岗岩（γ_5^{2-3}）。

2. 地下水发育情况

地下水为孔隙水和基岩裂隙水。勘查期间测得沟谷地下水位埋深为 0.10 ～ 70.20 m，受大气降水补给；丘坡地下稳定水位埋深 14.30 ～ 38.2 m，水量较贫乏。孔隙水主要分布于第四系坡残积土以及基岩风化层中，裂隙水分布于弱风化岩裂隙中。

8.3 蠕滑区变形特征

蠕滑区变形特征包括蠕滑区的平面分布情况、剖面分布情况和蠕动方向等，可以通过勘探、地表位移监测和数值分析手段确定。这里主要依据现场监测结果对其进行分析。

8.3.1 蠕滑区的平面特征

8.3.1.1 蠕滑区地表裂缝发育情况

病害区域是路、隧过渡段，平面分布见图 8-1。从路基段地表裂缝分布情况可知，变形区在平面上呈现出"舌"形，路基东、西两侧护坡上出现羽状拉裂缝，前部地表裂缝在桥台锥坡的前部闭合；路基段变形周界后部的最大宽度为 20 ～ 25 m，变形区域沿线路方向的长度为 20 ～ 25 m。隧道洞门附近有裂缝，裂缝宽度约为 2 mm。路基前部的桥台支座垫石发生开裂，桥台墩顶向北发生了偏移。

总体上隧道明洞以上山体稳定，变形主要发生在明洞段，隧道结构稳定，表面无裂纹，隧道明暗交界处施工缝裂缝为 0.5 mm，洞门后端施工缝处裂缝宽度为 2 mm，隧道其余部分未见较明显裂缝。

8.3.1.2 蠕滑区地表变形监测情况

线路变形后第一时间开展了监控量测工作，监测所涉及的范围主要是发生变形的隧道明洞的地表和路基表面。

1. 监测点布置

监测点的平面布置情况见图 8-2。隧道范围内共布置 3 个监测断面，点位 10 个；路基范围共布置 2 个监测断面，点位 6 个；在桥台锥坡前部地表处布置了 2 个测斜孔，分别对土体沿线路方向（纵向）和垂直于线路方向（横向）的深层位移进行了监测。监测时间为 6 月 19 日—11 月 13 日，共计 147 天，其中 6 月 19 日—7 月 20 日监测频率为 1 次/d，之后为 1 次/3 d。其中，东侧为高山侧，西侧为低山侧，向隧道方向为大里程方向。

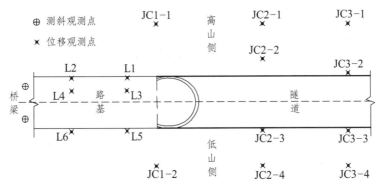

图 8-2　地表变形监测点布置图

2. 明洞段监测数据分析

在发现线路病害后及时采取了加固措施，至 8 月底现场变形基本被遏制。此处仅选取加固措施未完成期间（6 月 19 日—9 月 12 日）的监测数据进行分析（下述图中的横轴时间刻度为每 6 d）。

（1）地表沉降值分析。

地表沉降随时间的变化情况见图 8-3（a）。由图可知，由小里程向大里程方向的地表沉降值逐渐变小，洞门附近的土体沉降值较大，明洞尾部监测点的沉降值较小。在 7 月 29 日，沉降值的绝对值由大到小的排列情况为：监测点 JC1-1（为简便，图中标为 1-1，下同）的累计沉降值为 17 mm，监测点 JC1-2 的累计沉降值为 15 mm，监测点 JC2-4 的累计沉降值为 13.5 mm，监测点 JC2-2 的累计沉降值为 12 mm，监测点 JC3-3 的累计沉降值为 11.2 mm，监测点 JC2-3 的累计沉降值为 7.5 mm，监测点 JC3-4 的累计沉降值为 6.2 mm，监测点 JC3-2、JC3-1 的累计沉降值分别为 – 2.41 mm、– 0.43 mm，沉降值接近于 0。

（2）地表水平位移值分析。

隧道周边地表监测点 6 月 19 日—9 月 12 日水平位移变化情况，见图 8-3（b）。图中数据正值表示水平位移向西侧（低山侧）。

垂直于线路方向：在近 3 个月的监测中地表主要向西滑动，其中：监测点 JC1-1 和 JC2-2 水平位移较大，其极值分别为 17.75 mm、15.96 mm；监测点 JC2-3 和 JC2-4 相对水平变形量稍小；监测点 JC2-1、JC3-1、JC3-2 几乎无水平位移出现。

沿着线路方向：沿着该方向的水平变形最大的点为 JC1-2，最大水平位移值为 4.32 mm；其余监测点沿该方向的水平变形值均较小，不再作图显示。

总体上隧道段主要发生垂直于隧道方向的位移，沿线路方向的位移较小，其对前部路基的影响较小。

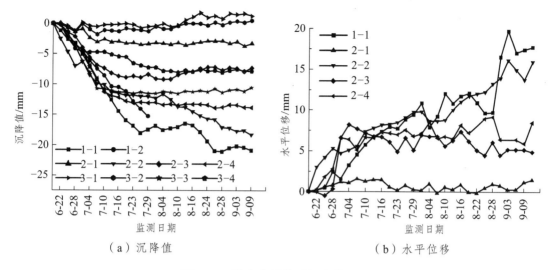

（a）沉降值　　　　　　　　　　　（b）水平位移

图 8-3　地表变形随时间变化图

3. 路基段监测数据分析

路基段的监测点直接布置在基床上，6 月 25 日布置监测点位，7 月 1 日开始观测数据，点位布置如图 8-2 所示，监测频率为 1 次/2 d，共观测数据 38 期；靠近桥台位置的点位 L2、L4、L6 变化较大，累计沉降量分别为 9.5 mm、8.8 mm、10.7 mm，其他监测点基本无沉降，图 8-4（a）为路基监测点沉降随时间变化图。靠近桥台侧路基沉降值明显大于隧道侧，路基上、下行线的沉降值基本相同。

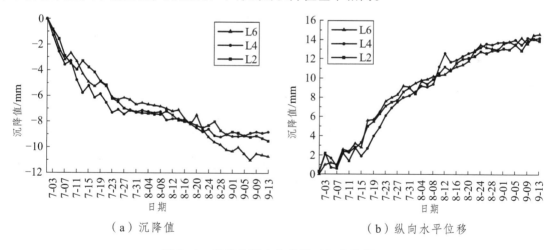

（a）沉降值　　　　　　　　　　　（b）纵向水平位移

图 8-4　路基监测点位移随时间变化图

路基段地表的水平变形情况采用全站仪进行测量，计算时主要考虑沿线路方向的水平变形情况。图 8-4（b）为路基监测点水平位移随时间变化图，由于点位 L2、L4、L6 的水平变形较大，其余监测点基本无变形，因此仅对该三点的变形情况进行分析。由图可知，9 月 13 日，路基监测点 L2、L4、L6 监测点的纵向水平位移值分别为 13.9 mm、

14.2 mm、14.6 mm，三个监测点的水平位移值基本相同，变形的方向为向小里程（桥梁）方向；截至 9 月 13 日，位移增加的速率逐渐减小，但未完全停止变形，推测其原因为桥台前部的抗滑设施随着施工的进行在逐步发挥抗滑作用，随着施工的进行，路基的变形直至 9 月底方才基本稳定。

9 月 13 日，路基各监测点的横向水平位移最大值为 2 mm，向西侧变形。

8.3.1.3　蠕滑区的变形特征

综合地表的裂缝发育情况和地表变形监测数据，作出明洞段和路基段边坡的变形周界和变形方向，如图 8-5 所示。由图可知，明洞段和路基段为两个基本独立的变形区域，其变形的范围和变形的方向均有所不同。

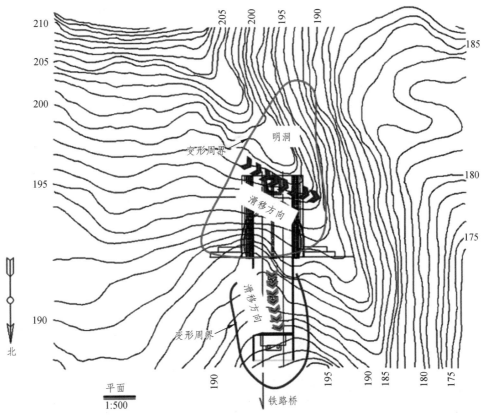

图 8-5　变形特征分布图

明洞段的变形周界近似呈三角形，前部的变形范围较大，变形宽度约 56 m，后部的变形范围较小；明洞填土主要向西侧蠕动，同时略微向北有所偏转，这也是现场路隧交界处发生横向水平错台的主要原因。

靠近桥台侧的路基发生了向北方向的蠕动，由于西侧地势较低，其变形方向略微向西发生了偏转；隧道侧路基由于受到前部抗力减小和下部变形土牵拉的共同作用，导致与明洞有一定的脱离，产生裂缝，这也是现场路隧交界处开裂的主要原因。

8.3.2 蠕滑区的立面特征

鉴于明洞段的变形主体为上部填土，变形方向和线路方向垂直，其变形和路基段的变形关联不大，变形机理和整治措施也较为简单。本书主要对路基段的变形机理及相应的整治措施进行重点分析。

路基上无法施工测斜管，所以在锥坡的前部埋设了两根测斜管，每侧一根，测斜管紧邻桥台锥坡，基本可以反映路基下部土体的变形情况，测斜的方向为沿着线路方向和垂直于线路方向。两根测斜管获得的数据基本相似，以西侧测斜管的数据为例进行分析，作出的土体深层水平位移变化情况见图8-6。

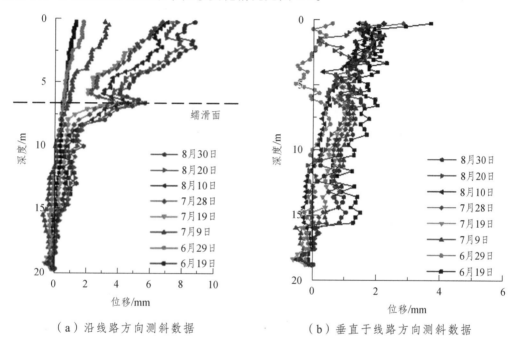

（a）沿线路方向测斜数据　　　　　（b）垂直于线路方向测斜数据

图8-6　测斜数据图

由图可知：

（1）沿线路方向：土体向北最大水平位移为8 mm。桥台锥坡下部约6 m处出现了较为明显的蠕滑面，其中0~3 m范围为桥台影响范围，受到承台挤压影响在该深度范围内土体变形较大。7月19日之前土体变形速度较快，之后变形速率逐渐减缓，这与地表监测点的变形规律基本吻合。

（2）垂直于线路方向：该方向测斜得到的最大水平位移值为2.5 mm，向西侧变形。

（3）根据现场数据和裂缝发育情况绘制蠕滑纵断面图，见图8-7。该蠕滑面基本呈四分之一椭圆形，蠕滑面在路基段基本沿着过渡段与路堑交界面发育，滑带位于全风化云母石英片岩层中，并从桥台的承台下部约2.5 m处穿过。

（4）由于该路基仅在护坡表面出现局部开裂，路基后缘和前缘变形均较微弱，表面裂缝尚未贯通，据现场裂缝发育情况及现场监测数据判断处于蠕滑阶段。

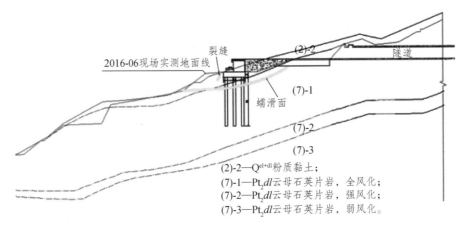

2016-06现场实测地面线

裂缝

(2)-2

隧道

(7)-1

蠕滑面

(7)-2

(7)-3

(2)-2—Q^{el+dl}粉质黏土；
(7)-1—Pt$_2$dl云母石英片岩，全风化；
(7)-2—Pt$_2$dl云母石英片岩，强风化；
(7)-3—Pt$_2$dl云母石英片岩，弱风化。

图 8-7　路基段蠕滑面立面图

8.4　降雨入渗作用下路基变形特性分析

8.4.1　计算模型的建立

根据现场的勘测结果，采用非线性有限元软件建立三维数值分析模型，考虑实际工程中边坡的高程变化情况，对降雨条件下路基及边坡的变形情况进行分析，采用的计算模型见图 8-8。

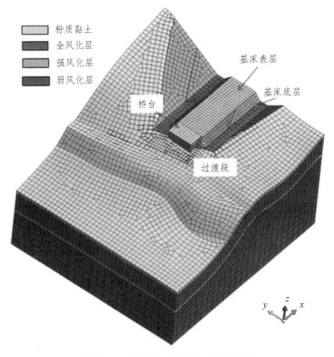

粉质黏土
全风化层
强风化层
弱风化层

基床表层

基床底层

桥台

过渡段

图 8-8　降雨入渗数值分析模型

常规参数的设置情况为：模型各个侧边约束为法向位移，底部约束竖直方向的位移；模型中共涉及 4 层土，土体采用莫尔-库仑弹塑性本构模型作为屈服准则的材料进行模拟，桥台和桩基础采用弹性本构模型进行模拟。

渗流边界条件：计算模型的底部和侧面设置为不透水边界条件，坡面设置为流量边界条件，流量大小根据实际的降雨强度设定。根据边坡的实际水位情况，设置与实际水位等高的节点水头；考虑实际降雨时边坡土体的渗透能力有限，考虑坡面形成径流，故设置当降雨量大于地表入渗量时总水头等于位置水头。

8.4.1.1 计算参数的选取

土体力学参数根据勘查报告和室内试验综合选取，具体见表 8-1。

表 8-1 岩土材料参数

土层	压缩模量/MPa	天然密度/(g/cm³)	内摩擦角/(°)	黏聚力/kPa	渗透系数/(cm/s)
1. 粉质黏土	4.13	1.87	16.47	29.33	1.0×10^{-4}
2. 全风化	9.76	1.92	24.7	27.5	2.4×10^{-4}
3. 强风化	22.5	1.97	41.2	75.3	1.2×10^{-4}
4. 弱风化	500.4	2.25	—	—	2.3×10^{-5}
5. 基床表层	1 800	2.4	30	98	2.1×10^{-5}
6. 基床底层	400	2.15	35	67	0.225

注：表中的 2~4 层均为云母石英片岩层。

降雨入渗分析还需确定不同材料的土水特征曲线及其渗透性变化规律。本计算模型所涉及的需考虑非饱和特性的有粉质黏土层和全风化云母石英片岩层，其中粉质黏土非饱和特性参数参考相关文献取用，全风化云母石英片岩层的物理力学参数则通过室内试验结果取用（略）。

8.4.1.2 降雨参数的选取

选取发现路基病害前 3 个月（4 月、5 月、6 月）的日实际降雨量作为数值分析模型的降雨边界条件，将实际降雨强度以面流量的形式施加在边坡的上表面。现场监测的实际日降雨量分布情况如图 8-9 所示。

同时，根据《铁路路基设计规范》（TB 10001—2016），无砟轨道路基面承受的均布荷载值为 50.1 kPa，计算时将荷载施加至路基表面。

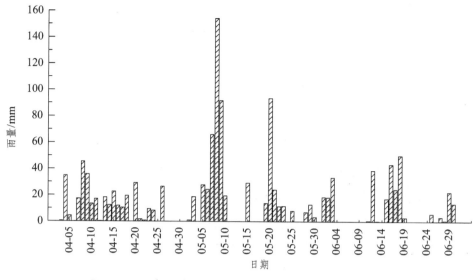

图 8-9　研究区域 4、5、6 月（2016 年）的日降雨量

8.4.2　计算结果分析

通过降雨入渗计算得到降雨过程中暂态饱和区的分布情况和土体的位移变化情况。

8.4.2.1　孔隙水压力分析

孔隙水压力直接反映了土体的饱和情况。当土体为饱和状态时，其孔隙水压力大于等于 0，故本节根据 0 孔隙水压力的等值线分布情况对边坡的饱和情况进行分析，约定孔隙水压力为正值的区域为饱和区域。

选取路基中轴线剖面的孔隙水压力的变化情况进行分析，同时将高山侧部分山体的孔隙水压力情况也显示在图中，以反映坡上饱和区的变化情况。为便于分析深层土体的孔隙水压力和变形情况，沿着线路方向选取 3 条测线，代号分别为 CX1、CX2 和 CX3，CX3 测线位于路基前缘，CX2 测线距离路基前缘 10 m，CX1 测线距离路基前缘 18 m，每条测线的深度均为 15 m，所选测线 1、2、3 的位置如图 8-10 所示。

模拟的总降雨时长为 91 d，根据时间节点选取 4 月 30 日（30 d）、5 月 31 日（60 d）和 6 月 30 日（90 d）三个时间节点的边坡孔隙水压力分布情况进行分析。不同时间节点的土体饱和区分布如图 8-10 所示，图中不同线型代表不同时间节点时 0 孔隙水压力等值线的位置。

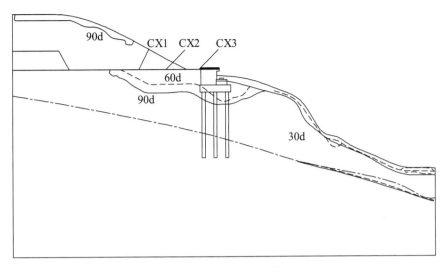

图 8-10　饱和区变化图

由图 8-10 可知，随着降雨时长的增加，边坡的饱和区呈增大的趋势。4 月份降雨导致的饱和区域主要为边坡的表层，饱和区域主要集中在前部坡面；5 月份总降雨量较大，饱和区域增大明显，路基段饱和区深度较大，出现了较为明显的暂态饱和区；6 月份降雨量略小于 5 月份，路基段饱和区的深度略有增加，边坡顶部缓坡区域和下部坡脚区域均出现了部分饱和区域。

提取降雨时间节点分别为 4 月 30 日（30 d）、5 月 31 日（60 d）和 6 月 30 日（90 d）时各测线的孔隙水压力随深度的变化情况，如图 8-11 所示。

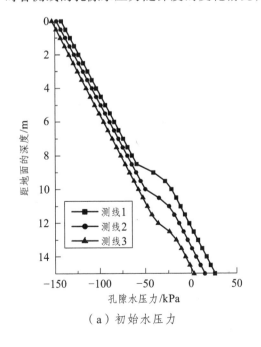

（a）初始水压力

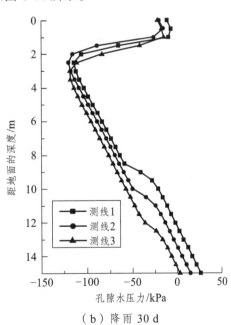

（b）降雨 30 d

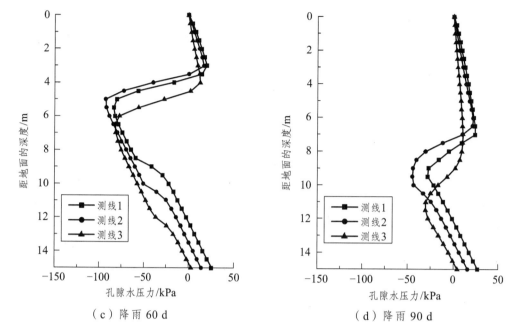

（c）降雨 60 d   （d）降雨 90 d

图 8-11　孔隙水压力随深度变化图

由图可知，孔隙水压力分布情况为：

（1）初始情况，地下水位以上的孔隙水压力为负值，孔隙水压力随深度的变化基本呈线性变化，在水位面附近孔隙水压力受到土体非饱和特性的影响，曲线呈非线性变化。

（2）降雨时长 30 d 时，路基的表层土体出现厚度约为 1 m 的饱和区，下部的孔隙水压力值基本未发生变化，各条测线饱和区的深度基本相同。

（3）降雨时长 60 d 时，各测线的饱和区深度出现了差别。其中，测线 1 的饱和区深度为 4 m，测线 2 的饱和区深度为 3.6 m，测线 3 的饱和区深度为 5.2 m；测线 3 附近饱和土体的深度最大，测线 1 和测线 2 的饱和区域深度接近。

（4）降雨时长 90 d 时，各区域土体的饱和区域进一步增大，测线 1 区域饱和土体的深度为 7 m，测线 2 区域饱和土体的深度为 6.3 m，测线 3 区域饱和土体的深度为 8.4 m；饱和区的深度由坡后向坡前逐渐加大。

（5）综合分析可知，随着降雨时长的增加，各测线的饱和区深度均不同程度地加大，降雨结束时测线 3 区域的饱和区深度最大，其原因为后部孔隙水向前发生了水平渗流。

图 8-12 各图分别为同一测线在不同降雨时长时的孔隙水压力变化图。

由图可知，随着降雨时长的增加，每一条测线的饱和区均在逐渐扩大，测线 1 和测线 2 的饱和区增大趋势基本相同，测区 3 的饱和区深度受降雨的影响最为敏感，其原因为坡体前部的土体同时受到斜坡降雨和由后向前入渗水的双重影响。

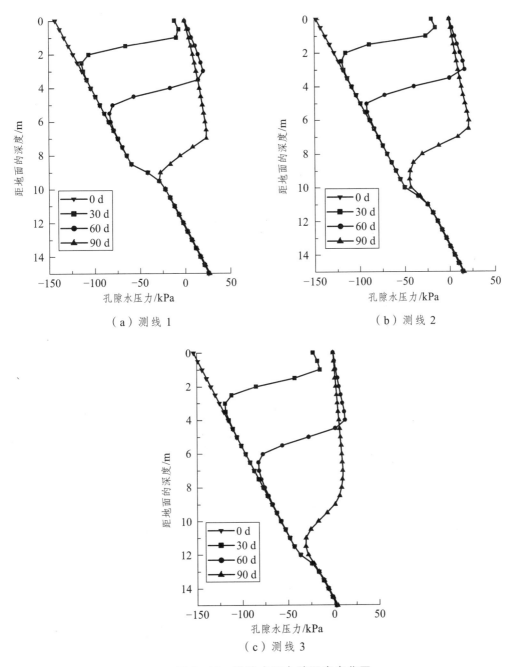

（a）测线 1　　　　　　　　　（b）测线 2

（c）测线 3

图 8-12　孔隙水压力随深度变化图

8.4.2.2　变形情况分析

图 8-13 是降雨 90 d 时边坡的变形情况和土体塑性区分布情况。

（1）图（a）和图（b）是边坡的三维变形云图。分析可知，坡体发生变形的区

131

域主要是路基的前侧部分，发生变形的主要区域与现场调研的地表裂缝发育情况基本吻合。

沿 x 方向的最大水平位移出现在桥台顶部，其值为 25.84 mm，向 $-x$ 方向变形；沿着 y 方向的最大水平位移出现在路基侧面的边坡上，最大位移值为 -2.92 mm，向 $-y$ 方向变形；综合 x, y 方向的位移分布情况可知，路基主要发生向 $-x$ 方向的位移，受坡体地形影响，略微向 $-y$ 方向发生了变形。

（2）图（c）是路基中轴剖面的变形云图。由图可知：路基段发生变形的主要是过渡段的梯形填料部分，下部的土体仅在与路基交界处厚度 1~2 m 的范围内发生了变形；桥台区域土体的变形区域主要集中在承台以下约 2 m 的范围内；桥台锥坡前部深度 6~7 m 范围内土体发生了较为明显的变形。

（3）图（d）是降雨结束时路基中线剖面的土体塑性区分布情况。由图可知，塑性区出现在了梯形过渡段和路基交界面的下部约 1 m 范围内，并穿过桥台承台的下部，桥台前部的土体尚未出现明显的塑性区。

（4）数值计算所得的蠕滑区域、蠕滑带的深度和变形方向与现场勘测结果基本吻合，验证了数值分析的准确性。

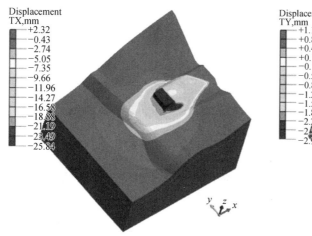

（a）x 方向变形三维图

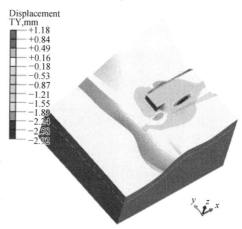

（b）y 方向变形三维图

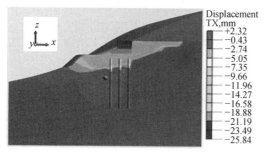

（c）x 方向变形剖面图

（d）塑性区分布图

图 8-13　土体变形云图

针对典型测点在降雨强度较大两个月（2016 年 4 月 1 日—5 月 29 日）的位移变化情况作图分析，如图 8-14 所示。图 8-14（a）是测线 2 和测线 3 在路基面处两个测点的水平位移变化情况，图 8-14（b）是两测点的位移增量随降雨和时间的变化情况；测线 1 的位移较小，未列出。由图可知：

（1）由图（a）可知：两条测线的水平位移均随着降雨时长的增加呈非线性增大。5 月 29 日，测线 3 和测线 2 测点的最大水平位移分别为 16.37 mm、11.70 mm。在 4 月 20 日之前，测线 3 的水平位移值小于测线 2，5 月 5 日之后测线 3 的水平位移值逐渐明显大于测线 2；推测其主要原因为降雨后期土体被拉裂，且测线 3 位于坡前缘，抗力相对较小。

（2）由图（b）可知：路基面的水平位移的增量变化情况与累计水平位移相对应，前期测线 3 的水平位移增量小于测线 2，后期测线 3 的水平位移增量大于测线 2。将位移增量与降雨强度的柱状图进行对比分析可知，位移增量的变化与降雨量表现出了明显的相关性，降雨强度越大，土体的位移增量值也越大；且位移的变化相对于降雨的变化有一定的滞后性，延后时间约为 1 d。

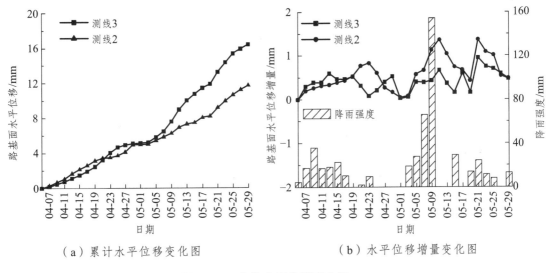

（a）累计水平位移变化图　　　　　（b）水平位移增量变化图

图 8-14　土体水平位移变化图

提取时间节点为 6 月 30 日（90 d）的边坡变形情况进行分析，作出土体深层水平位移随时间的变化图，见图 8-15，图（a）是路基段测线的深层水平位移变化情况，图（b）是锥坡前部土体的深层水平位移变化情况。由图可知，两图中的 3 条曲线均显示出了明显的滑动面，其中：测线 2 和测线 3 的滑动面距离路基顶面的距离分别为 5.3 m 和 7.5 m，大约位于过渡段梯形面以下 2.5 m 的位置；锥坡前部的滑动面位于地表面以下 6 m 位置，该位置与现场测斜管所测得的蠕滑面的位置基本吻合。对比各曲线的变形值可知，测线 3 和锥坡前部土体的最大水平位移值较接近，测线 2

133

的水平位移值较小。

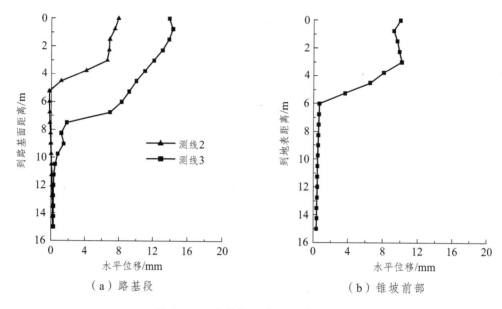

（a）路基段　　　　　　　　　　　　（b）锥坡前部

图 8-15　土体深层水平位移变化图

8.4.3　蠕滑体的形态分析

降雨和列车作用下主要变形区域形状呈现出明显的三维特性，其变形区域主要集中在路基的前缘和桥台锥坡前的部分区域，其他区域的变形较小。以最大位移值的 10%（2.58 mm）为基础，截取计算位移值大于 2.58 mm 的部分显示在图中，则获得的主滑区域三维形状如图 8-16（a）所示，前立面、侧立面和俯视图分别见图 8-16（b）、（c）和（d）。

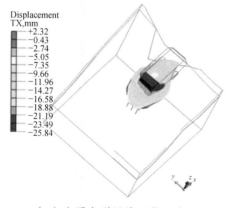

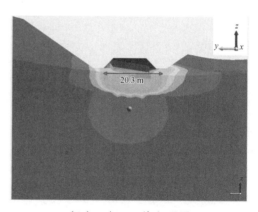

（a）主要变形区域三维示意图　　　　　　（b）x 向——前立面图

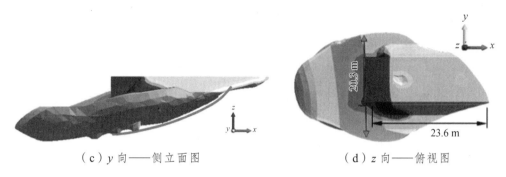

（c）y 向——侧立面图   （d）z 向——俯视图

图 8-16 蠕滑体的空间形状

由图可知，蠕滑体呈现出明显的三维特性，路基中部滑体的厚度较大，向两侧逐渐变小。整个蠕滑体在平面上呈"舌"状，路基段区域滑面的形状呈弧形，基本为二分之一椭圆的形状；桥台前缘处主要变形区域的宽度约为 20.3 m；桥台前缘后部的主要变形区域的长度约为 23.6 m，西侧变形区域的长度略大于东侧，其主要原因是西侧为低山侧。其中图（c）中粗线所示的滑带分布情况基本与勘查推测的滑带分布情况吻合。

8.5 蠕滑机理分析

边坡发生蠕动变形的原因是多方面的，可分为内因和外因两个方面，两方面相互联系、相互作用。内在因素主要包括地形地貌条件、岩土体特征、地质构造条件、水文地质条件，外在因素主要包括降雨、地震和人类活动等。

8.5.1 地形地貌和工程地质因素

1. 地形地貌

过渡段路基位于山体的"葫芦形"凹出口处，铁路修建后明洞和路基段的地形呈"里小外大"的凹冲沟形态，凹出口后窄前宽，后缘山坡的汇水条件较好；同时，沿铁路纵向坡体具有后缓前陡的特点，后缘所聚雨水在路基段流速减缓，易于入渗。

2. 地层岩性

铁路隧道洞口段全风化云母石英片岩层厚度较大，过渡段路基修建在全风化岩层上，修建时土体的强度满足要求，但全风化云母石英片岩在降雨湿化作用下会崩解软化，导致其工程性质劣化，抗剪强度降低，形成软弱面。软弱面一旦形成后，在路基和土体自重及外界荷载作用诱发下，易于沿着这一软弱面发生变形破坏。

8.5.2　环境致灾因素

1．持续强降雨

建阳地区 1999 年以来月平均降雨量和 2015 年 9 月—2016 年 8 月的月降雨量监测表明，2016 年 4—5 月的降雨量明显大于近 17 年同期的月均降雨量。其中：4 月份共有 21 天发生了降雨，当月最大降雨强度为 45.5 mm/d，月总降雨量为 340 mm，总降雨量是同期月均降雨量的 1.85 倍；5 月份共有 18 天发生降雨，当月最大降雨强度为 154.2 mm/d，月总降雨量为 618.9 mm，此月总降雨值非常大，约为同期月均降雨量的 2.36 倍。

降雨入渗数值分析结果表明，持续降雨会导致路基下部出现暂态饱和区，造成路基发生水平变形，且变形增量与降雨强度呈现高度的相关性。2016 年 5 月 29 日，供电轨道车司机报晃车，现场勘查发现路基发生了开裂等病害，该时间点与强降雨发生的时间完全吻合，结合数值分析结果可以判定该段路基病害的发生与持续强降雨直接相关。

持续性降雨发生时，后缘山体的雨水在路基所在的"凹冲沟"处大量汇集，一方面，雨水下渗软化了全风化云母石英片岩，降低了其抗剪强度，形成了潜在的蠕滑面；另一方面，持续的强降雨使土体的裂隙完全充水饱和，容重和孔隙水压力增大，特别是锥坡前部的土体，由于坡度较大，会产生向前滑动的趋势，减小了锥坡前部土体的抗力。

2．人类活动

人类活动的影响包括两个方面：一是施工对原有地表植被和粉质黏土的刷除，二是持续的列车循环荷载作用。

在本工程施工过程中，明洞段和路基段原有的植被被砍伐，表层的黏性土层被刷除，造成大片全风化云母石英片岩裸露在地表；全风化的土体中裂隙较为发育，渗水能力强，在缺乏地表植被保护的情况下吸收了大量的雨水，造成土体强度衰减。另外，路基上部有循环的列车荷载作用，动荷载会加剧全风化土层的崩解和软化作用，进一步降低土体的强度，最终造成路基边坡的变形。

综合现场工程地质调查、室内土工试验、现场监测和数值仿真，该段路基发生蠕滑的机理如下：

（1）蠕滑的路基位于山坡的"葫芦形"凹出口处，两侧及后部均为较高的山体，该地形汇水条件较好，隧道明洞和路基施工时的开挖使该段的地势较为平缓，导致后缘山体所聚雨水在通过此段时流速缓慢，增大了雨水的入渗量。路基的前部为陡坡，土体抗力相对较小，为边坡蠕滑提供了有利条件。

（2）2016 年 4—6 月，研究区域的降雨量明显高于近 17 年的同期月均降雨量，其中，4 月份的月降雨量是历史同期月均降雨量的 1.85 倍，5 月份的月降雨量是历史同期月均降雨量的 2.36 倍，直接导致路基下部形成了持续时间较长的饱和区。

（3）路基下部为深厚的全风化云母石英片岩层，修建时原承载力虽然满足要求，但该岩土体的强度遇水衰减幅度较大，在持续强降雨作用下承载力下降明显，在受到列车荷载作用时产生了较大的变形，造成路基沉陷、地表开裂。

（4）受降雨影响，桥台锥坡前部的土体也向北方向变形，牵拉导致锥坡前部产生贯通的环形裂缝，减小了锥坡前部的土抗力。

（5）由于锥坡前部土体抗力减小，路基在发生沉降的同时向北方向蠕动，造成路基边坡表面出现羽状拉裂缝。裂缝的出现进一步加大了雨水的入渗，为进一步的雨水入渗和岩土体（特别是全风化云母石英片岩层）的强度衰减提供了条件。

（6）桥台外接于路基的北侧，当路基向北方向产生较大位移时，桥台受到挤压并产生变形，造成桥台的支座垫石开裂。

8.6 路基蠕滑特性分析

根据现场勘查和数值分析变形范围内蠕滑带发育情况，确定路基尚处于蠕滑阶段，其滑面未完全显现。但由于运营高速铁路对变形敏感性高，应尽量少在其附近施工作业，这就要求设计合理的抗滑措施，而设计需要获得较为准确的变形区域和下滑力分布情况。鉴于此，本节通过对路基边坡蠕滑体空间形态的深入分析，以期确定其三维形态和下滑力分布，以便提出有针对性的抗滑措施。

8.6.1 蠕滑体几何特性

8.6.1.1 平面几何特性

图 8-17 是采用不同手段（现场勘查、数值计算和模型试验）拟合获得的蠕滑体在平面上的投影。根据蠕滑体所在位置不同，以路-桥交界处为界，沿线路纵向将蠕滑体分为路基段和桥台段。

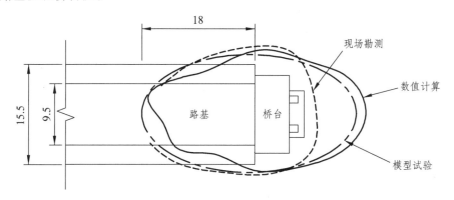

图 8-17　蠕滑区域的平面图（单位：m）

由图可知：

（1）三种手段获得的路基段蠕滑体平面形状均可近似为半椭圆形。该椭圆的长轴沿着线路方向，短轴垂直于线路方向，椭圆的长轴长度为 36 ~ 40 m，短轴长度为 18 ~ 20 m。

（2）数值计算和模型试验获得的桥台段蠕滑体的平面形状也可近似为半椭圆形。该椭圆的长轴沿着线路方向，短轴垂直于线路方向，椭圆的长轴长度为 32 ~ 34 m，短轴长度为 16 ~ 20 m。

（3）现场勘测获得的桥台段蠕滑体的平面区域明显小于另两种方法获得的平面区域，其原因为勘查获得的蠕滑体平面形状主要是基于地表的裂缝分布情况，而实际边坡尚处于蠕滑阶段，锥坡前部的土体尚未产生明显的滑动，前部尚未出现明显的剪出口，导致地表可观察到的开裂区域有限。

8.6.1.2　纵剖面几何特性

图 8-18 是采用不同手段（现场勘查、数值计算和模型试验）拟合获得的蠕滑体在路基纵向中线剖面上的投影图。由图可知：

（1）三种方法获得的蠕滑面的发育情况较为接近，且可相互补充验证，综合得到的蠕滑面整体呈弧形，路基段滑面近似呈四分之一椭圆形，桥台段滑面近似呈直线。

（2）路基段蠕滑面的深度由路基向桥台方向逐渐变大，最大埋深为 5 ~ 6 m，由承台下部 2 ~ 3 m 位置穿过，桥台段的蠕滑面距离地表的深度为 6 ~ 7 m。

（3）现场勘测结果显示桥台锥坡的前部地表有拉裂缝出现，表明锥坡前部土体的水平位移大于桥台及路基的水平位移，锥坡前部土体也出现了蠕滑面。

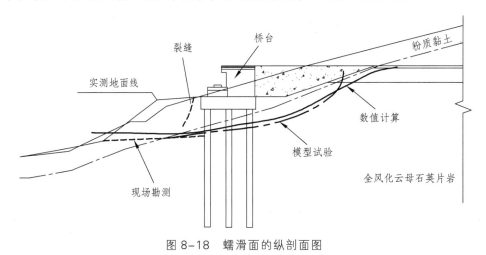

图 8-18　蠕滑面的纵剖面图

8.6.1.3　空间几何特性

由前述蠕滑体的平、立面图分析可知，三种手段获得的蠕滑体的平、立面尺寸虽然略有差别，但整体较为接近，可以采用其中一种方法获得的蠕滑体空间形态进行描述。鉴于数值分析获得的空间形态显示更为直观，因此以数值模拟获得的蠕滑体空间形态为例进行蠕滑体的空间特性分析，偏于安全考虑，略去锥坡前部土体影响后获得的蠕滑体三维形状，如图 8-19 所示。由图可知：

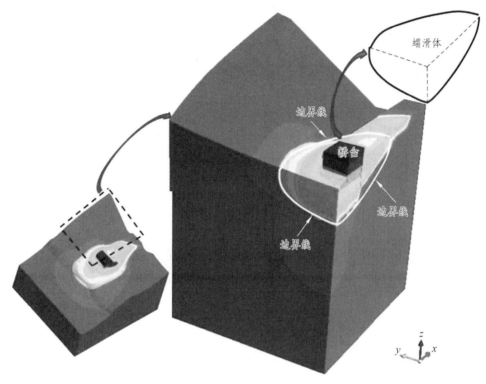

图 8-19　路基蠕滑区空间形态图

（1）除去露出地表的基床后，位于土层内部的蠕滑体的空间形状近似呈椭球形，约为四分之一椭球大小，椭球的中心位于桥台的前缘，椭球的一个轴沿着线路方向，一个轴沿着路基的宽度方向。

（2）椭球沿着线路方向的半轴长度为 20～24 m，沿着路基宽度方向的半轴长度为 8～10 m，沿着深度方向的半轴长度为 6～8 m。

8.6.2　下滑力的分布特性

前文分析结果表明，在不考虑前部土体抗力，仅对路基附近的蠕滑体形状进行分析时，列车荷载主要影响区域的蠕滑体的空间三维形状可以近似为四分之一椭球体，列车荷载和基床自重产生的力 p 则可作为外力均匀地施加至椭球体的表面，见图 8-20。

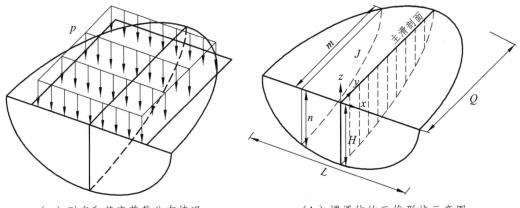

（a）列车和基床荷载分布情况　　　　　（b）蠕滑体的三维形状示意图

图 8-20　蠕滑体的四分之一椭球模型

当滑体的形态假设为椭球形时，各特征截面的几何方程可以基于椭球的几何方程进行表示，位于 xoz 平面内的椭圆的方程为：

$$\frac{4x^2}{L^2}+\frac{y^2}{H^2}=1 \tag{8-1}$$

yoz 平面内椭圆的方程为：

$$\frac{y^2}{Q^2}+\frac{z^2}{H^2}=1 \tag{8-2}$$

xoy 平面内椭圆的方程为：

$$\frac{y^2}{Q^2}+\frac{4x^2}{L^2}=1 \tag{8-3}$$

与 yoz 平面平行的到主滑剖面任意 x 距离的 J 截面的椭圆的轴长和方程分别为：

$$n=H\cdot\sqrt{1-\frac{4x^2}{L^2}}\ ,\quad m=Q\cdot\sqrt{1-\frac{4x^2}{L^2}}\ ,\quad \frac{y^2}{m^2}+\frac{z^2}{n^2}=1 \tag{8-4}$$

Lee[65]关于滑坡下滑力的研究结果表明，滑体下滑力的大小与滑体的几何形状密切相关，当不同滑体剖面的形状相似时，下滑力的大小与滑体剖面的几何面积呈正相关，即任意截面 J 的下滑力的荷载集度为：

$$T(x)=\frac{A_x}{A_0}\cdot T_{\max} \tag{8-5}$$

式中：$T(x)$ 为任意剖面的推力；$T_{\max}$ 为主滑剖面的推力；A_x 是 J 截面的几何面积；A_0 是主滑剖面的几何面积。

由椭圆的面积计算公式可知，

$$A_x = \frac{\pi \cdot m \cdot n}{4}, \quad A_0 = \frac{\pi \cdot H \cdot Q}{4} \tag{8-6}$$

联合以上各式可得任意截面的下滑力大小为：

$$T(x) = T_{\max} \cdot \left(1 - \frac{4x^2}{L^2}\right) \tag{8-7}$$

任意剖面的下滑力大小主要由主滑剖面下滑力的大小和该截面到主滑剖面的距离 x 所决定，各截面下滑力 T 的大小沿着 x 轴呈抛物线分布，如图 8-21 所示。

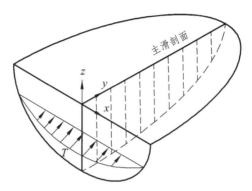

图 8-21　下滑力（T）的空间分布图

8.7　新型耦合抗滑结构的提出

8.7.1　高速铁路对邻近施工的要求

（1）作业限制：高速铁路属于对变形敏感的构筑物，在其附近施工有诸多限制，对蠕滑路基整治位于铁路保护区范围内，这就要求整治措施施工必须尽量避免扰动作业。

（2）变形限制：无砟轨道路基工后沉降应满足扣件调整能力和线路竖曲线圆顺的要求，工后沉降值不超过 15 mm；沉降比较均匀且调整轨面高程后的竖曲线半径满足 $R_{\mathrm{sh}} \geqslant 0.4 v_{\mathrm{sj}}^2$（$R_{\mathrm{sh}}$ 单位为 m，v_{sj} 单位为 km/h）时，允许的工后沉降值为 30 mm；路桥或者路隧交界处的差异沉降值不应超过 5 mm。可见，必须采用强有力的抗滑措施以保证整治后路基变形符合规范要求。

8.7.2　新型抗滑结构的提出

8.7.2.1　抗滑措施的比选

目前较为常用的抗滑措施主要有普通抗滑桩、预应力锚索抗滑桩、双排桩、微型桩组合抗滑结构。

普通抗滑桩和预应力锚索抗滑桩的桩径一般设计为矩形，桩的边长一般为 2～3 m，桩体较大，在既有铁路附近施工时扰动较大，施工周期长，安全隐患较大；由于既有铁路的限制，用于蠕滑路基整治的抗滑措施需设置在锥坡的前部，受到既有桥台桩基的影响，预应力锚索无法完成向路基方向的斜插施工。故普通的抗滑桩和预应力锚索抗滑桩难以实施。

微型桩组合抗滑结构通过桩顶承台将多根微型桩组合起来以提供较大的抗滑力，就组合结构整体而言刚度相对较大，当施工条件限制或工期紧张时，该结构具有独特的优势；同时已有研究结果[121]表明，微型桩组合抗滑结构在滑面处仍然会出现较大的位移，其抗滑力仍然相对不足。

前述围桩-土耦合式抗滑桩具有施工扰动小、结构利用率高等诸多优点，可以考虑将其应用至蠕滑路基的整治中。但耦合式抗滑桩宽度有限，路基的宽度相对较大，按常规设计需布置多个耦合式抗滑桩，难以达到治理后不变形的目的，况且蠕滑路基的下滑力具有抛物线形的特点；为了尽量减小施工扰动，需要考虑设置宽度较大的适合路基加固的单个组合抗滑结构。

8.7.2.2　新型耦合抗滑结构的提出

根据前述研究，用于治理高铁蠕滑路基的抗滑措施最基本的原则应是：少布桩、合理布桩，小扰动、小桩径。

蠕滑路基特征：下滑力分布呈抛物线形，可以考虑在中部布置较多的桩体以提供较大的抗滑力，两侧较少布置以避免施工扰动和工程浪费；耦合式抗滑桩可以较好地将土体禁锢在抗滑桩之间，尽量使各桩之间形成小的耦合桩。

桩径限制方面：列车荷载的影响范围有限，可以利用组合结构抗弯刚度大的优势，采用有限宽度的组合结构进行阻滑，既可以提供较大的抗弯刚度，又不需要设置较大的桩径。

基于以上两点我们提出一种"拱弦式耦合抗滑结构"，见图 8-22。

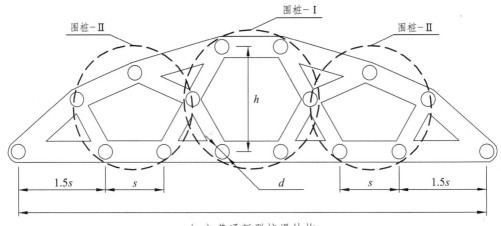

（a）普通新型抗滑结构

（b）普通新型抗滑结构立体图　　　　　　（c）加锚索的抗滑结构

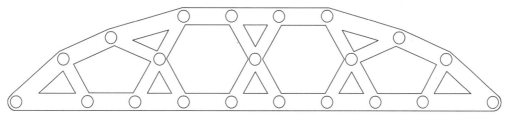

（d）加宽的抗滑结构

图 8-22　拱弦式耦合抗滑结构

　　该抗滑结构中部桩体数量多，由中部向两侧桩体的数量逐渐减少，正好符合路基边坡滑坡推力的分布特征；同时，桩顶部设置了连系梁，在调节各桩受力的同时可以施加预应力锚索以提供较大的抗滑力。该抗滑结构具有以下几个特点：

　　（1）中部区域有三排抗滑桩，向两侧非线性地减少至一排抗滑桩，桩的顶部采用连系梁固结，必要时可以在连系梁上施加预应力锚索，锚索施加在连系梁的拱脚处，可避免对既有桥台桩基产生影响。

　　（2）抗滑结构的拱形部分按照合理拱轴线布置，抛物线方程为 $y = \dfrac{4h}{L^2}x(L-x)$；其中，结构的矢量高为 h，整个抗滑结构的长度为 L，可以在一定程度上利用拱形对内力的调整优势。

　　（3）理论上，该抗滑结构在受到滑坡推力作用时可以形成多个"围桩"，中部 6 根桩形成正六边形的"围桩-I"，两侧分别形成一个五边形的"围桩-II"，可充分发挥桩-土的耦合作用，见图 8-22（a）。

　　（4）基于待加固设施的基本要求和较大抗滑力的需要，该抗滑结构所涉及桩的直径为 0.3～0.5 m，桩径相对较小，当采用 4～5 倍主控桩间距时，结构的宽度为 16～20 m，同时可以根据抗滑力的需要在连系梁上施加预应力锚索。

（5）结构承受滑坡推力的方向既可以在"弦"侧，也可以在"拱"侧，根据现场的实际加固需求进行确定，当待加固区域较大时，可以在中部增加耦合桩。

8.8 本章小结

通过现场调研并结合现场监测和数值仿真，揭示了过渡段路基变形特征和变形形成机理，通过现场勘查结果和数值分析综合研究了路基蠕滑特性及下滑力分布规律，有针对性地提出了"拱弦式耦合抗滑结构"。

（1）明洞段和路基段可以划分为两个独立的变形区域：明洞段主要为上部填土变形，变形方向为西向，变形周界呈后窄前宽的三角形；靠近桥台的路基段变形较大，主要变形为北向，变形周界呈"舌"形；受到线路西侧地势较低的影响，二者的变形方向均向西略有偏转。

（2）路基边坡的蠕滑带位于全风化云母石英片岩中，该全风化土软化系数为 0.43，抗剪强度随含水率衰减幅度较大；蠕滑带先在路基下部出现，随后由桥台的承台下部穿过并向锥坡前部土体延伸，勘查获得的锥坡前部蠕滑带的深度约为 6 m。

（3）路基边坡蠕滑机理为：路基所在区域为山体的"葫芦形"凹出口处，后缘汇水条件好，前缘地势平缓，增加了地表水的通过时长；2016 年 4—5 月持续强降雨使路基下部的全风化云母石英片岩层长时间饱和，造成路基下部一定深度内的土体强度湿化衰减；强度衰减后的土体承载力不足，在列车荷载作用下发生路基沉陷变形，并向土体抗力较小的坡前方向变形，致使后部路基被拉裂，前部桥台支座垫石被挤压开裂。

（4）在沿着线路的纵剖面内，蠕滑面整体呈弧形，路基段滑面近似呈四分之一椭圆形，滑面的深度由路基向桥台方向逐渐变大，最大埋深为 5~6 m；桥台段滑面近似呈直线，滑面距离地表的深度为 6~7 m。路基段蠕滑体可近似为四分之一椭球体，根据椭球形假设，计算出路基蠕滑体的下滑力在水平面内的分布形式为抛物线形，中部下滑力大，两侧下滑力小。

（5）提出了一种新型组合式抗滑结构——拱弦式耦合抗滑结构；该抗滑结构顶部由连系梁固结，中部桩体数量多，由中部向两侧桩体的数量非线性减少，可有针对性地应用于蠕滑路基的整治中。

第9章　新型耦合抗滑结构物理模型试验分析

目前，关于拱弦式耦合抗滑结构的耦合效果尚缺乏研究，有必要开展物理模型试验对其结构的力学特性进行研究。该抗滑结构有别于普通抗滑措施的特点是结构内部桩体的布置方式特殊和具有桩顶连系梁，开展模型试验可定性分析抗滑结构的内力及位移分布特征，比较不同布设方式下结构的抗滑性能，优化结构的布置方式。

9.1　理论依据

相似理论是将具体工程与模型试验连接起来的理论媒介，基于相似理论可以通过模型试验反映具体工程的实际问题。如果两个系统在弹性范围内是力学相似的，那么原型和模型之间需满足平衡方程、几何方程、物理方程、边界条件及相容方程。

9.1.1　几何相似比

模型试验首先需要满足几何相似定理，即模型试验设计需保证模型和原型的外形相似，大小成比例缩放，使模型试验成为原型放大或者缩小的复制品。

假设某原型、模型的体积量为 V，面积量为 S，长度量为 l，角度量为 θ，下标 m（model）和 p（prototype）分别表示模型和原型，则：

$$C_l = \frac{l_p}{l_m}, \quad C_\theta = \frac{\theta_p}{\theta_m}, \quad C_S = \frac{S_p}{S_m} = \frac{l_p^2}{l_m^2} = C_l^2, \quad C_V = \frac{V_p}{V_m} = \frac{l_p^3}{l_m^3} = C_l^3 \tag{9-1}$$

C_i 为相似常数，试验时将原型中的每一个物理量通过相似常数变换到模型试验中。

9.1.2　质量相似比

在进行动力学模型试验时须满足质量相似条件，即需保持模型与原型质量的大小和分布相似，假设用 ρ 来表示密度（质量分布），m 表示质量，则：

$$C_m = \frac{m_p}{m_m}, \quad C_\rho = \frac{\rho_p}{\rho_m}, \quad C_\rho = \frac{C_m}{C_V} = \frac{C_m}{C_l^3} \tag{9-2}$$

9.1.3　荷载相似比

假设 σ 为应力，则模型与原型在所受荷载方面需保持的相似比例如下：

集中荷载：

$$C_P = \frac{P_p}{P_m} = \frac{S_p \sigma_p}{S_m \sigma_m} = C_\sigma C_l^2 \qquad (9-3)$$

线荷载：

$$C_q = \frac{q_p}{q_m} = \frac{l_p \sigma_p}{l_m \sigma_m} = C_\sigma C_l \qquad (9-4)$$

面荷载：

$$C_w = \frac{w_p}{w_m} = \frac{\sigma_p}{\sigma_m} = C_\sigma \qquad (9-5)$$

体积荷载：

$$C_M = \frac{M_p}{M_m} = C_\sigma C_l^3 \qquad (9-6)$$

重力荷载：

$$C_{mg} = \frac{m_p g_p}{m_m g_m} = C_m C_g = C_\rho C_V C_g = C_\rho C_l^3 \qquad (9-7)$$

9.1.4　材料物理性质相似比

材料的相似比要求模型和原型各对应区域的应力 σ 和 τ，应变 ε、容重 γ、弹性模量 E、泊松比 μ 相似，即：

应力相似比：

$$C_\sigma = \frac{\sigma_p}{\sigma_m} = \frac{E_p \varepsilon_p}{E_m \varepsilon_m} = C_E C_\varepsilon \qquad (9-8)$$

泊松比相似比：

$$C_\mu = \frac{\mu_p}{\mu_m} \qquad (9-9)$$

应变相似比：

$$C_\varepsilon = \frac{\varepsilon_p}{\varepsilon_m} = \frac{\sigma_p / E_p}{\sigma_m / E_m} = C_\sigma / C_E \qquad (9-10)$$

刚度相似比：

$$C_E = \frac{E_p}{E_m} \qquad (9-11)$$

在本试验中，取原桩和模型桩的长度相似比为 $C_l = 20$，原桩和模型桩的弹性模量

相似比 $C_E = 8$，则经计算的试验相似情况见表 9-1。

表 9-1 抗滑结构参量的相似关系表

类型	模拟参数	量纲	一般模型	本次试验
桩身材料	弹性模量 E	FL^{-2}	$C_E = C_\sigma / C_\varepsilon$	8
	桩身应力 σ	FL^{-2}	C_σ	8
	桩身应变 ε	—	1	1
几何特性	长度 L	L	C_l	20
	位移 χ	L	C_χ	20
	面积 A	L^2	C_l^2	400
荷载	集中力 F	F	$C_F = C_\sigma \cdot C_l^2$	3 200
	线荷载 q	FL^{-1}	$C_q = C_\sigma \cdot C_l$	160
	面荷载 p	FL^{-2}	$C_p = C_\sigma$	8
	弯矩 M	FL	$C_M = C_\sigma \cdot C_l^3$	64 000

9.2 试验设计

根据工程原型做一定的简化，将桥基作为传递竖向力的部件，一般不考虑其抵抗滑坡推力的作用，故模型试验中不考虑桥台及桩基对抗滑力的贡献，直接将抗滑结构设置在锥坡的前部。前述列车荷载的影响宽度有限，其影响范围也仅仅是路基以外的一定距离，故可以将滑面设置为平面。

按照桩体所处的位置对结构各桩进行编号，将拱弦式耦合抗滑结构中包含的围桩根据所处平面位置分为 4 类桩，分别为：位于结构拱形部分的"拱桩"（编号为 G），位于两侧边的"脚桩"（编号为 J），位于弦部分的"弦桩"（编号为 X），以及中间的"中桩"（如 G1、G2、G3、X1、X2、X3）。鉴于"拱桩"和"弦桩"数量较多，从结构中部向两侧将两类桩分别编号为 1#、2#、3#桩（编号为 Z），由于结构是对称结构，仅对半边进行编号，见图 9-1。

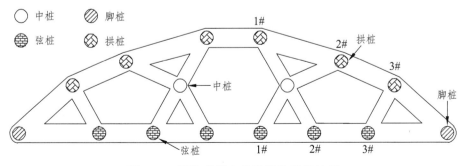

图 9-1 拱弦式耦合抗滑结构模型编号

9.2.1 试验坡体材料

1. 滑体土

滑体土采用黏性土。室内土工试验表明，该土体的天然含水率为 15.2%，容重为 17.2 kN/m³，黏聚力为 21.2 kPa，内摩擦角为 18.3°。模型试验要求土体材料密度与原型相当，该土体的黏聚力偏大，需对该土体掺入砂土进行调配。经过室内反复试验，在试验时再拌和体积比为 60% 的河砂，采用搅拌机拌和均匀。配制后的土体材料的物理参数见表 9.2。

表 9-2　试验用土体的力学参数

土层	含水量/%	重度/（kN/m³）	内摩擦角/（°）	黏聚力/kPa	弹性模量/MPa
滑体土	19.5	17.5	24.5	3.2	26.3
滑床土	17.3	19.5	21.5	70	125.6

2. 滑床土

滑床土采用与滑体土相同的黏性土，掺入体积比为 5% 的青源 P·O32.5 级水泥进行拌和。填筑前首先对土样进行室内试验，采用 JSD-3 型标准手提击实仪。在试件模中分 5 层对土样进行击实，按照击实次数将土样分为 5 组，每组含有 6 个水平含水率的共 12 个试样（每个含水率 2 个试样），然后按照击实次数和含水率对土样的容重、黏聚力、内摩擦角和最大干密度进行测定。根据土样的最大干密度对模型箱进行填筑，控制滑床土体的压实度在 95% 以上。室内土工试验测得的击实水泥土的材料参数如表 9-2 所示。

滑床土体填筑完成后，采用篷布覆盖养生 28 d，以便水泥土达到一定的强度。边坡模型填筑完成后，静置 48 h，以使滑体中的水分均匀分布在土体中，同时对土体和结构内部的应力进行调整。

3. 滑　带

采用中间无充填物的叠层塑料布作为滑带，单层薄膜厚度为 0.14 mm，其黏聚力为 3.5 ~ 5 kPa，内摩擦角为 15° ~ 18°。

9.2.2 试验模型桩

1. 模型桩的制作

根据前述相似比，模型桩采用有机玻璃管制作，每根桩长为 0.75 m。有机玻璃管参数如表 9-3。

表 9-3　有机玻璃管模型桩主要参数

参数	密度/（kg/m^3）	泊松比	外径/mm	内径/mm	长度/mm
取值	1 444	0.35	25	5	750

　　由于有机玻璃管表面较为光滑，需要对桩体表面进行粗糙处理。处理的步骤如下：首先在桩体上定位应变片的粘贴位置，并在需粘贴应变片的位置粘贴电工胶布；然后在桩体外表面均匀涂抹掺和固化剂的环氧树脂胶并将其埋入标准砂中，静置 24 h 后取出。此时桩体表面已经牢固地粘贴了一层标准砂，见图 9-2。

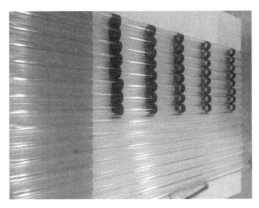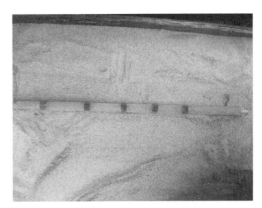

（a）原模型桩　　　　　　　　　　　（b）粘标准砂后模型桩

图 9-2　试验用模型桩

2. 模型桩的力学参数标定

　　模型桩的标定采用简支梁法。将模型桩穿入挖有槽孔的木片中，将木片放置在两个稳定的支架上作为标定桩的支座，设置支架的间距为桩体的长度（0.75 m）。标定时在中部布置百分表监测每一级荷载作用下桩体中心处的位移，同时连接应变采集仪，对模型桩的抗弯刚度进行标定，如图 9-3 所示。

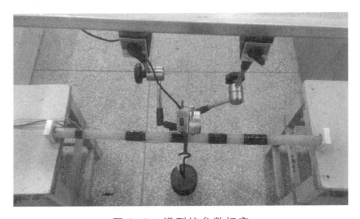

图 9-3　模型桩参数标定

标定试验采用分级加载的方式进行。标定荷载共分为 7 级，每级标定荷载的砝码质量为 1.275 kg，通过桩下所挂的砝码盘垂直施加在桩的中点处；位移数据的采集同时使用百分表和位移传感器，以保证测量结果的准确性；每级加载后待采集仪的数据稳定后记录，然后施加下一级荷载。以其中一根模型桩的标定结果为例，计算出的每级荷载作用下桩体的抗弯刚度见表 9-4。

表 9-4　桩体的材料特性的标定结果

加载等级	加载质量/kg	重力/N	跨中挠度/mm	桩体抗弯刚度/（N·m）
0	0	0	0	—
1	1.275	12.495	1.592	68.982
2	2.550	24.990	3.202	68.594
3	3.825	37.485	4.735	69.579
4	5.100	49.980	6.492	67.664
5	6.375	62.475	8.250	66.557
6	7.650	74.970	10.040	65.629
7	8.925	87.465	11.831	64.976
			均值	67.427

根据应变片监测数据测得的加载等级与应变对照如图 9-4 所示。其中 3#监测点位于桩体中点处。将根据荷载计算出的弯矩与实际监测的应变结果进行转换，得到单位弯矩所对应的微应变的值约为 205 με。

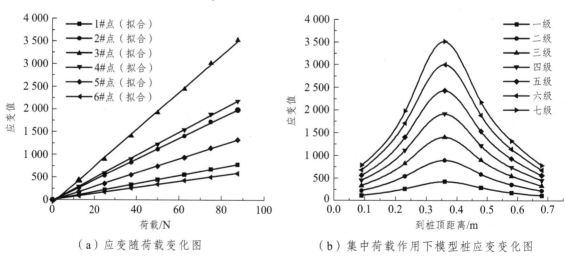

（a）应变随荷载变化图　　　　　　（b）集中荷载作用下模型桩应变变化图

图 9-4　模型桩标定结果图

9.2.3 试验工况

试验采用的主控桩间距为 4d，即 0.1 m，组合成的抗滑结构的横向宽度为 0.8 m，纵向宽度为 0.2 m，桩的总长度为 0.75 m，其中受荷段的长度为 0.4 m，锚固段的长度为 0.35 m。各试验工况采用同样的坡体形状，坡体的侧立面见图 9-5（a），其中坡体后缘的高度为 1.05 m，前缘的高度为 0.48 m，加载区域的宽度为 0.6 m，抗滑结构所在的平台宽度为 0.32 m，前部斜坡的坡度为 1：1，滑体前部的高度为 0.4 m。模型平面布置情况见图 9-5（b），图中虚框为拟加桩的区域。

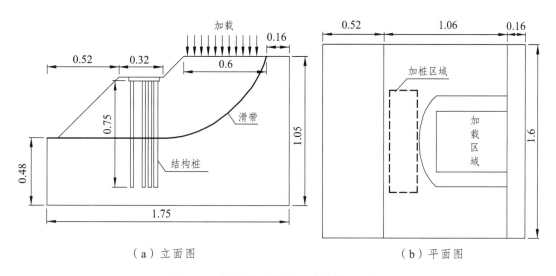

（a）立面图　　　　　　　　　　　　（b）平面图

图 9-5　模型试验设计图（单位：m）

不同工况的模型试验俯视图见图 9-6。根据结构不同的受力方向和桩顶连系梁是否存在的情况，共设计 4 种试验工况：工况一，拱式布置-无连系梁；工况二，拱式布置-有连系梁；工况三，弦式布置-无连系梁；工况四，弦式布置-有连系梁。以上 4 种工况下结构的平面布置情况分别对应图 9-6 中的（a）、（b）、（c）、（d）图。

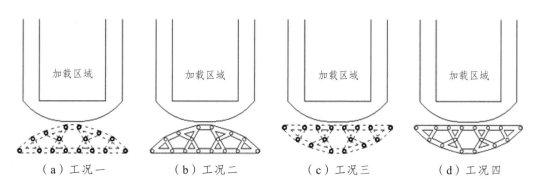

（a）工况一　　　（b）工况二　　　（c）工况三　　　（d）工况四

图 9-6　不同工况下结构布置图

9.2.4 试验过程

根据试验需要，自制具有可拆卸挡板的型钢和钢化玻璃模型箱，模型箱的内壁净尺寸为 2 m × 1.6 m × 1.3 m（长度×宽度×高度），侧面采用方钢管加固以提高其刚度。模型箱 4 个侧面均采用钢化玻璃，前部玻璃不封闭，便于进出及滑体土滑动。模型箱外部设置小型的加载横梁，便于对边坡顶部进行加载，具体的实际试验过程见图 9-7。

（a）滑床填筑 （b）埋置抗滑结构

（c）滑体土过筛 （d）采集仪连接 （e）数据采集

图 9-7 试验过程

试验中对路基面进行分级加载，加载设备为带压力显示的液压千斤顶。千斤顶加载的反力装置如图 9-8 所示，在模型箱外围设置一个矩形框架，框架上部的横梁采用螺栓进行拆卸，试验时将千斤顶上部顶在上部横梁上可方便地实现对路基的加载。

实际铁路路基的设计荷载约为 60 kPa，根据面力的相似比，加载值应为 7.5 kPa，但本试验为定性试验，为了反映抗滑结构的性能，设置本模型的最大加载值为 20 kPa。加载时，首先施加 0.2 kPa 的初始压力，并进行 30 min 的稳压使各个构件、土体和监测仪器之间密贴；然后按每级 2.0 kPa 进行分级加载，每施加完成一级荷载稳压 20 min，记录稳定后的监测数据；然后施加下一级荷载，直至监测数据长时间不能达到稳定或桩顶位移值较大时停止加载。桩顶位移采用百分表测量，应变片和土压力盒的数据则采用应变采集仪实时记录。

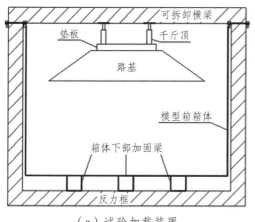
（a）试验加载装置

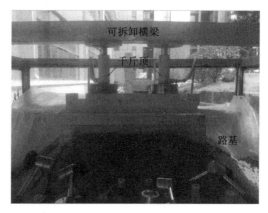
（b）加载实图

图 9-8　试验加载装置设计

9.3　试验数据采集

9.3.1　土压力数据的采集

1. 土压力盒的选取

模型试验中采用丹东永舜工程测试仪器厂生产的 DZ-Ⅰ型电阻式压力传感器，其测量范围为 0 ~ 200 kPa，其直径和厚度分别为 17 mm、7 mm。部分土压力盒的标定系数如表 9-5 所示。

表 9-5　部分土压力盒标定系数（×10^{-4}）

编号	1#	2#	3#	4#	5#	6#	7#	8#	9#	10#
系数	2.39521	2.19058	2.38949	2.22469	2.16450	2.33918	2.43309	2.30681	2.54129	2.31749
编号	11#	12#	13#	14#	15#	16#	17#	18#	19#	20#
系数	2.32829	2.50000	2.38949	2.43605	2.28571	2.46914	2.08551	2.43902	2.24719	2.29095

2. 土压力盒的布置

由于新型抗滑结构是对称结构，对半边结构的 8 根桩体进行土压力的测试即可。每根桩布置土压力盒 6 个，每根桩的受荷段和锚固段各布置 3 个，受荷段的土压力盒布置在桩后侧，锚固段的土压力盒布置在桩前侧。土压力盒的布置为非等间距布置，靠近滑面处的土压力盒的竖向距离较小，远离滑面的土压力盒间距较大。土压力盒布置的立面图和俯视图如图9-9所示。

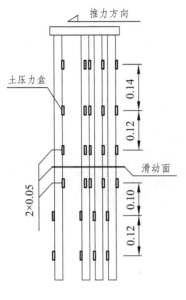

（a）立面图（单位：m）　　　（b）俯视图　　　（c）测试用的土压力盒

图9-9　土压力盒布置图

　　在进行土压力盒埋设之前，先对土压力盒进行检查；埋设时使土压力盒的受力感应板侧正对土体，将背板紧贴桩身，并在土压力盒受力感应板与土体之间留出一定的缝隙，土压力盒就位后用标准砂将缝隙填充捣实；安装完成后读取土压力盒的初始读数，并保证该读数大于未埋入土体时的读数，以保证土压力盒的初始即受力的状态。

　　试验后可根据下述公式将采集仪的读数转换为土压力：

$$P = K\Delta F + B \tag{9-12}$$

式中：P 为待测土压力值（MPa）；K 为仪器的标定系数（MPa/με）；ΔF 为土压力盒的实际测量值相对于基准值的变化量（με）；B 为土压力盒的计算修正值（MPa）。

9.3.2　应变数据的采集

　　采用变间距法进行应变片的粘贴，于模型桩的背面受拉侧布置应变片。鉴于抗滑结构的对称性，仍只对半边的8根桩进行应变片的粘贴，共使用48个应变片，其布置如图9-10所示。在试验过程中，桩身弯矩值通过测得的应变值间接求得，桩身的应变值通过密贴于桩身的电阻式应变片测得。将应变片粘贴在桩上，当桩体受力后即带动应变片上的金属丝伸长或缩短，进而导致其电阻值发生变化，通过采集应变片电阻值的变化即可获得桩体的应变。

154

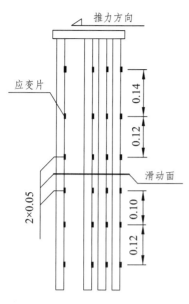
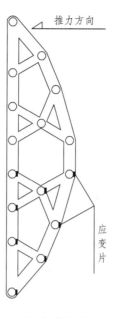
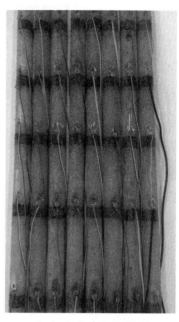

（a）侧立面图（单位：m）　　　（b）俯视图　　　（c）应变片粘贴实图

图 9-10　应变片布置图

　　本次试验中采用的应变片为浙江黄岩测试仪器厂生产的 BX120-2AA 型胶基箔式应变片。应变片的主要参数见表 9-6。

表 9-6　BX120-2AA 型号的应变片参数

指　标	参数值
电阻值/Ω	120±0.1
灵敏系数	2.08
外形尺寸/（mm×mm）	6×4（长×宽）
接线方式	半桥
补偿方式	电路补偿
绝缘电阻/MΩ	≥200

　　在电阻应变片粘贴前先对其外观进行检查，保证应变片无折痕、断丝等缺陷；粘贴时用细砂纸将贴片处桩身打磨干净，再在桩身上涂抹 502 胶水粘贴应变片；焊接应变片的导线和接线端子，并采用 704 硅橡胶覆于应变片上进行保护，最后缠一层胶带。应变片粘贴并刷涂完保护层后对每个应变片的电阻进行量测，保证粘贴完成的应变片阻值约为 120 Ω。

9.3.3　位移数据的采集

试验过程中需要对桩顶和土体的位移进行监测。采用数显百分表进行采集，量程为 0 ~ 30 mm，精度为 0.01 mm。试验时，对无连系梁工况，采集结构中的 8 根代表性桩的桩顶位移；对于有连系梁工况，只对连系梁位移进行采集。每级加载完成后，对百分表的显示值进行观察，待数据稳定后对数据进行记录。百分表布置实图见图 9-11。

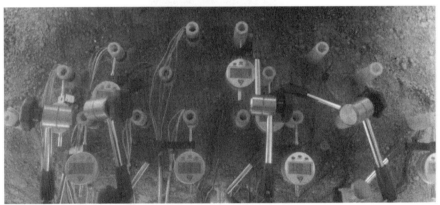

图 9-11　百分表布置实图

本试验采用实验室现有的东华测试技术股份有限公司生产的 DH3816 N 型号动静态应变测试仪器对试验数据进行采集。该仪器共有 60 个采集通道，还设有 6 个补偿通道，可实现对多点位测试数据的动态采集。本次试验时共采用了两台该仪器进行数据采集。

9.4　试验结果分析

根据模型试验所采集的数据，对结构和各桩体的变形、弯矩和土压力分布情况进行分析，具体包括：据桩顶位移监测结果分析无连系梁情况下各桩协调变形的能力，根据结构顶部位移情况分析有连系梁工况下结构整体的变形趋势，根据应变采集结果分析桩身弯矩的分布情况，根据土压力盒的监测数据分析桩后土压力的分布情况。

9.4.1 工况一试验结果分析

该工况的布桩方式为：拱式布置-无连系梁，见图 9-6（a）。

9.4.1.1 桩顶位移分析

这里主要根据测得的桩顶水平位移数据，对结构整体变形情况、向"坡前方向"位移、垂直于"坡前方向"位移和桩土的耦合特性进行分析。

1. 结构整体的变形情况

由于没有桩顶连系梁的存在，严格来讲尚不能称之为结构。试验完成后将连系梁放在结构的顶部，由于试验过程中结构中部的前排桩体的侧向位移较小，可以将两根 X1 桩插入冠梁上预留的 X1 桩孔内，然后对各桩桩顶的实际位置和连系梁上桩孔的位置进行对照，可测量出桩头的变形情况。桩体变形的实际情况见图 9-12（a）和（b），绘制桩头的整体变形趋势如图 9-12（c）。

由图 9-12（c）可知，在没有桩顶连系梁约束的情况下，各桩的变形表现出了明显的拱形结构的特性。在推力作用下，G2、G3 和 J 桩均表现出向两侧弯曲变形的趋势，其中 J 桩顶部发生的横向水平变形最大，桩头横向水平位移的大小由拱脚向中部逐渐变小。脚桩承受了较大的横向水平推力，这与拱形结构拱脚处会出现较大的推力是相符的。

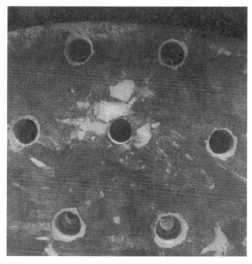

（a）顶板固定至 X1 桩 　　　　　　　　　（b）脚桩外扩实图

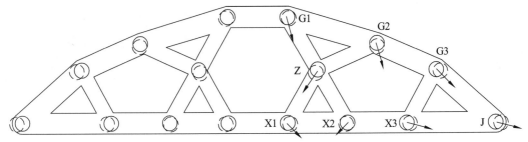

（c）变形趋势图（虚线为变形后）

图 9-12　桩体变形实图及趋势图

第一次模型试验主要测量了桩体向坡前方向的变形情况，未对桩身侧向变形时产生的内力进行量测。根据上述桩体变形结果可知，由于结构的拱效应，桩身同时向侧边产生了外扩现象，故进行了补充模型试验，对 G1、G2、G3 和 J 桩桩顶设置了百分表进行桩顶横向位移监测。

2. 桩顶向"坡前方向"的位移

图 9-13（a）为各桩桩顶的位移变化曲线。由图可知：

（1）随着荷载值的增大，各桩桩顶位移逐渐增加。在加载初期（顶部荷载 0～5 kPa），各桩桩顶的位移变化较小，其主要原因为滑体的土处于被压密阶段，产生的滑动位移较小；加载中期（5～13 kPa），各桩桩顶的位移随加载值的增加基本呈线性增加，脚桩的位移值最小；加载的后期（13～20 kPa），除 J 桩外，各桩桩顶位移增速逐渐放缓，J 桩桩顶的位移则呈线性增加。

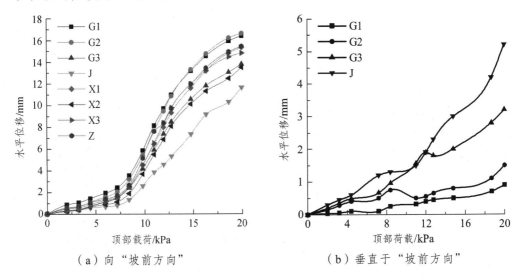

（a）向"坡前方向"　　　　　　（b）垂直于"坡前方向"

图 9-13　桩顶位移变化曲线

（2）在没有冠梁约束的情况下，各桩桩顶的位移有一定差别。在加载结束时，各桩桩顶位移值由大到小的排列顺序为： G1 > G2 > Z > X1 > X3 > G3 > X2 > J。J 桩顶部的位移最小，其值为 11.68 mm；G1、G2 桩桩顶位移基本相同，在加载结束时其值分别为 16.48 mm、16.70 mm。

（3）抗滑结构内部各桩的位移变化规律总体表现为：后排桩的桩顶位移大于前排桩的桩顶位移，中部桩的桩顶位移大于两侧桩的桩顶位移，这与常规的多排桩的变形规律是相符的，即中部所受的滑坡推力较大，导致中部桩体位移大于两侧桩体；后排桩承受的滑坡推力较前排桩大，导致后排桩桩体的位移大于前排桩。

3. 桩顶垂直于"坡前方向"的位移

位于拱形区域的 G1、G2、G3 和 J 桩的侧向位移随荷载变化的曲线如图 9-13（b）所示。由图可知：随着顶部荷载的增加，G 桩和 J 桩的水平位移逐渐增大，表现出了明显的拱效应。各个桩的顶部侧向位移由大到小的排列顺序为 J > G3 > G2 > G1，即由拱形的中间向两侧，桩顶侧向水平位移逐渐增大，位于中部的桩体在受到滑坡推力作用后，通过土拱将推力转化为侧向力，将滑坡推力向两侧的桩体转移。

4. 桩-土耦合特性

桩-土耦合的关键是结构中各桩位移的一致性。由于桩顶没有连系梁固结约束，各桩顶部的位移差直接可以反映这一特性。由图 9-13（a）可知：

（1）从整体来看，除了 J 桩外，其余各桩的桩顶位移虽然有一定的差异，但是基本较为接近，群桩表现出了较好的耦合特性。

（2）从加载过程来看，随着加载值的增大，各桩之间的位移差逐渐增大，耦合特性逐渐丧失。其原因为顶部缺乏有效的约束，在加载值较大时群桩有散开的趋势，不能有效地禁锢群桩中间土。该变化规律也从侧面反映出桩顶连系梁存在的必要性。

9.4.1.2 桩身弯矩分析

根据室内试验的标定结果，将采集得到的桩体应变值转化为弯矩值。以下从整体弯矩极值分布情况和单桩的桩身弯矩变化情况分别进行分析。

1. 弯矩极值总体分布情况

根据各桩桩身弯矩极值的接近程度可以将桩分为 3 组，如图 9-14 所示，图中连起来的桩体为一组。G1 组包括 G1 桩，G2 组包括 G2、Z、X1 桩，G3 组包括 G3、X2、X3、J 桩。在各个加载等级时，G1 组的桩身弯矩值最大，G2 组的桩身弯矩极值次之，G3 组的桩身弯矩极值最小。

各组内部的抗滑桩的桩身弯矩极值也有一定的区别：G1 组仅包括一根桩；G2 组内部桩身弯矩极值从大到小的排列顺序为 G2 > Z > X1；G3 组内部桩身弯矩极值从大到小的排列顺序为 J > X2 > G3 > X3。桩身弯矩极值的分布规律与桩顶位移极值的分布规律相似，各桩的受力与桩体所处的位置关系较大，总体为桩身弯矩极值由后排中部向前部和两侧逐渐减小。

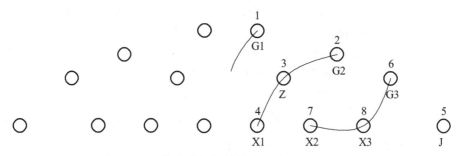

图 9-14 桩身弯矩极值排序图 ($P=20$ kPa)

2. 单桩桩身弯矩随荷载变化情况

以桩身迎滑侧受拉为正，背滑侧受拉为负，在不同加载等级时桩身弯矩沿着桩长的变化见图 9-15。由图可知：

（1）各个模型桩桩身弯矩极值的出现位置均在滑面以下约 7 cm 处，虽然各桩的弯矩值有所不同，但沿桩身长度方向的分布规律基本相同，桩身弯矩随深度均呈 S 形分布。

（2）滑体部分的桩体承受全部的正弯矩，弯矩值由顶部向下呈抛物线形减小，最大正弯矩的极值位于滑面以上 7~8 cm 位置；滑床部分的桩身承受了全部的负弯矩，桩身最大负弯矩值位于滑面以下约 7 cm 处，且桩身负弯矩值随着桩截面的深度增加迅速减小至 0，表明滑床土体锚固效果较好。

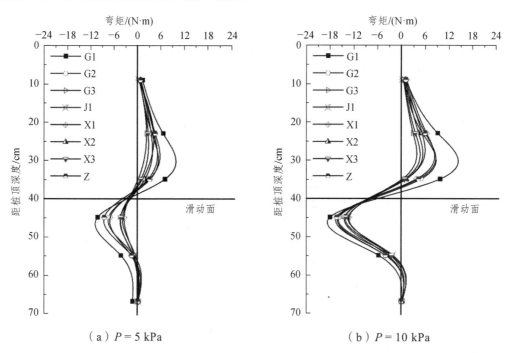

（a）$P=5$ kPa   （b）$P=10$ kPa

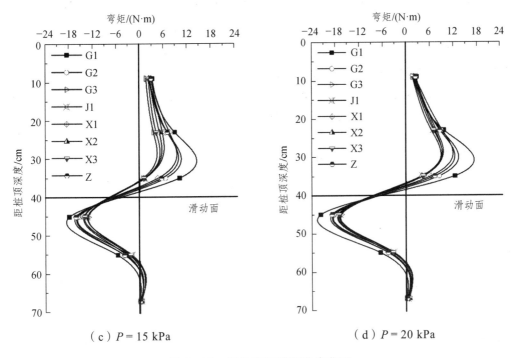

（c）$P = 15\ \text{kPa}$ 　　　　　　（d）$P = 20\ \text{kPa}$

图 9-15　桩身弯矩随荷载变化图

将各桩桩身弯矩的极值（控制弯矩）随顶部加载值的变化情况作图表示，如图 9-16。

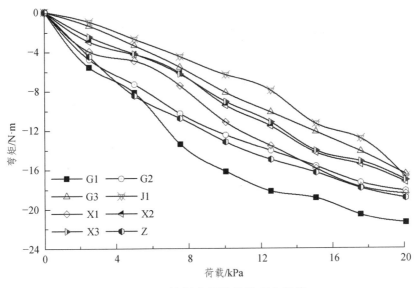

图 9-16　控制弯矩随荷载变化规律

161

由图可知，各桩的控制弯矩均随荷载值的增加而逐渐增加，但其变化趋势略有区别。其中：G1桩桩身的控制弯矩最大，但其弯矩值的增速随荷载的增加逐渐放缓，其原因为随着抗滑结构内部土体的压密，前部桩体对其约束逐渐明显；Z桩和G2桩均表现出了与G1桩较为相似的规律。部分桩体控制弯矩的增速随荷载的增加逐渐增大，其中J桩的此趋势最为明显，其原因为随着滑体变形的增大，侧面的土体同样出现了较大的变形，使作用在J桩上的滑坡推力增大；同时，由于拱效应的存在，使中部的部分滑坡推力向两侧转移，加大了该桩身的内力。

9.4.1.3 桩后土压力分析

本次试验测试的桩后土压力分布情况包括两部分，第一部分为受荷段桩体在迎滑面的土压力，第二部分为锚固段桩体在背滑面的土压力。土压力盒的数据由全自动应变仪自动采集，采用全桥接法，提取每级加载变形稳定后的土压力数据进行分析。

1. 土压力分布情况分析

图9-17列出了不同加载等级时监测点的土压力情况，规定迎滑侧土压力的值为正值，背滑侧土压力的值为负值。

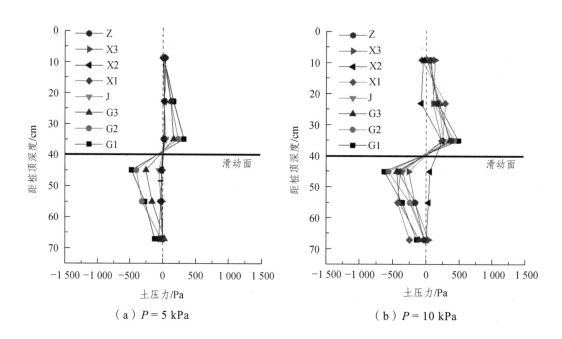

（a）$P = 5$ kPa　　　　　　（b）$P = 10$ kPa

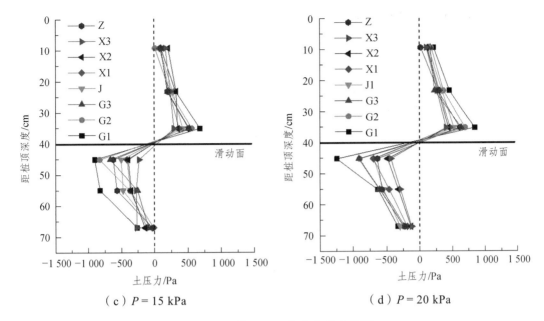

（c）$P = 15$ kPa　　　　　　　　（d）$P = 20$ kPa

图 9-17　桩后土压力随荷载变化图

由图可知，滑动面以上土压力的分布呈现为三角形，最大土压力值均出现在滑动面下部约 5 cm 处。对各桩附近土压力的变化曲线进行分析可知，滑体发生滑动后各桩同时受力，各桩的桩后土压力基本和荷载值的增减规律一致，嵌固段的桩体由于受到滑床的嵌固作用，导致桩前出现了较大的土压力。

2. 各桩所受推力分析

由于各桩受荷段桩后的土压力沿深度方向均近似呈三角形分布，可根据所测得的土压力对桩后推力的分配规律进行分析。桩后土体推力的值为桩后土压力分布曲线、滑动面和 0 压力线所围成的三角形的面积，由于各桩的受荷段的长度均相同，三角形的面积与底边的长度成正比，故各桩所受推力的比值可以采用受荷段最大的土压力之间的比值进行表示。

假设 G1 桩所承受的最大土压力为 1，则在坡顶荷载值为 20 kPa 时，各桩所受土压力极值与 G1 桩所受土压力极值的比值见表 9-7：

表 9-7　各桩桩身受荷段土压力极值分布表

桩号	Z	X1	X2	X3	G1	G2	G3	J
土压力/Pa	621.23	468.05	442.52	408.48	851.04	706.33	646.76	527.62
占比	0.75	0.54	0.51	0.43	1	0.82	0.76	0.62

由表可知，沿着滑体的滑动方向，各桩所受的滑坡推力依次减小。各桩承受的滑坡推力的分布规律如下：

（1）拱桩（G1～G3）和脚桩（J）均为直接承受滑坡推力的桩体，相当于多排桩的后排桩，其所承受的推力明显大于前排桩；同时由于拱形的特点，各拱桩所承受的滑坡推力由中部向两侧逐渐减小。

（2）中桩（Z）所承受的滑坡推力也相对较大，其原因为 G1 桩、Z 桩和 G2 桩大体上相当于梅花形布置的双排桩，而拱形导致的 G2 桩的平面位置相对靠前，使 Z 桩所承受的滑坡推力（0.74）略大于普通的梅花形多排桩中该位置桩（约 0.70）所承受的推力。

（3）弦桩（X1～X3）所承受的滑坡推力明显小于拱桩，且由中部向两侧逐渐减小。从各桩所承受的滑坡推力分配比的绝对值来看，0.48～0.55 的分配比基本上与多排桩中第三排桩所承受的滑坡推力分配比（0.55）相同；而各桩推力分配比由中部向两侧逐渐减小。由于列车荷载作用宽度有限，中部桩体承受的滑坡推力相对较大。

综合分析可知，在列车荷载作用下各桩所承受滑坡推力的分布规律为后排桩大于前排桩，中部桩大于两侧桩。故在抗滑结构布置时，应保证中部提供较大的抗滑力。本抗滑结构中部相当于布置了三排桩，可提供相对较大的抗滑力，同时拱形分布可将少部分滑坡推力向两侧桩体转移，进一步缓解中部桩体受力；但由于 G1 桩的平面布置位置兼具中部和后排的特点，在实际中承受的滑坡推力较大，当推力超过一定限值时可能会率先失效，导致抗滑结构抗滑能力下降。

9.4.2　工况二试验结果分析

该工况布桩方式为：拱式布置-有连系梁，见图 9-6（b）。与工况一相似，本工况主要分析结构位移和变形趋势、各桩的桩身弯矩分布情况和桩身土压力的分布情况。

9.4.2.1　结构顶部位移分析

由于本试验中连系梁的刚度相对较大，对于设置了桩顶连系梁的工况，可认为各桩桩顶位移相同，故试验中主要对结构前部、后部竖向位移，前部水平位移进行监测。其中布置在结构前部的百分表主要用于监测结构前部的水平位移，该位移值反映了结构在承受滑坡推力时结构的水平变形情况。不同于单根的抗滑桩，该抗滑结构在滑动方向有一定的宽度，在受到推力作用时结构的前、后部会出现不同的竖向位移。该竖向位移对于反映结构的工作机理至关重要，故在结构的连系梁前部和后部分别布置一个百分表对结构的竖向位移进行监测。试验时的百分表布置见图 9-18（a）。

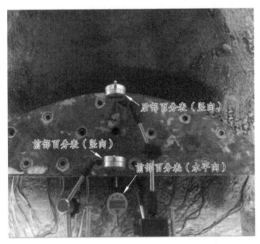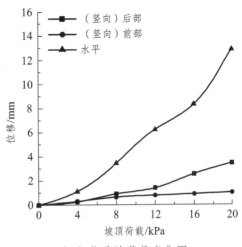

| （a）百分表布置实图 | （b）位移随荷载变化图 |

图 9-18　结构位移变化图

1. 结构的水平位移变化情况

图 9-18（b）为结构不同部位的位移随荷载变化情况，其中三角形图例的曲线为结构前部的水平位移变化曲线，其值远大于结构的竖向位移。由图可知，抗滑结构水平方向的位移随荷载的变化曲线基本呈现出抛物线形状，初期增速较慢，随顶部荷载的增加基本呈抛物线形增大。

将有连系梁工况的结构前部的水平位移与无梁工况最大桩顶水平位移进行对比可知，当加载结束时，结构顶部的最大水平位移值为 12.88 mm，其值较无连系梁工况最大水平位移值小 3.82 mm，减小幅度为 22.2%。可见，桩顶连系梁的存在对于结构的抗滑性能有一定的加强作用。

2. 结构的空间变形情况

图 9-18（b）中正方形和圆形图例的曲线为结构的竖向位移随荷载的变化情况。由图可知：在滑坡推力作用下，后部百分表监测到的连系梁的位移值为 3.45 mm，前部百分表监测到的连系梁的位移值为 1.02 mm，两个位移方向均向上，整个结构有向上拔的趋势；但结构后部向上的位移更大，抗滑结构在被向上拔的同时有向前翻转的趋势。根据位移监测结果绘出抗滑结构变形，如图 9-19 所示。

试验进一步揭示了新型抗滑结构的变形规律，即在滑坡推力作用下，抗滑结构发生倾斜，后排桩（G1 桩、G2 桩、G3 桩）受拉，前排桩（X 桩和 J 桩）受压。冠梁前、后部的位移差值较大，与抗滑结构后排桩数量相对较少，导致后部的上拔抗力相对较小。

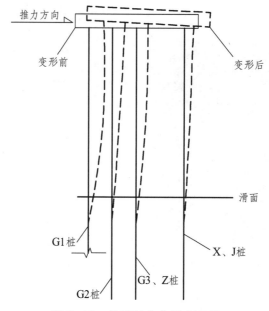

图 9-19 抗滑结构变形立面图

9.4.2.3 桩身弯矩分析

图 9-20 为不同荷载时桩身弯矩分布情况。在不同顶部荷载作用下，各桩桩身弯矩极值随着荷载的增加逐渐增大。加载结束时桩身最大弯矩值为 21.2 N·m，最大值出现在 J 桩上，出现最大弯矩值的截面位于滑面以下约 5 cm 处（由于应变片布置的间距限制，出现位置与实际位置可能略有出入）。

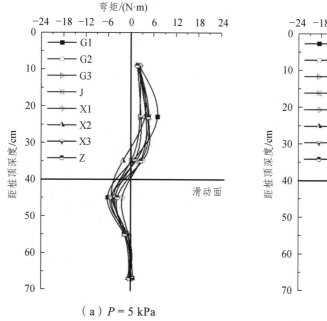

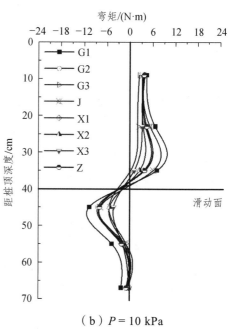

（a）$P = 5\ kPa$　　　　　　　　　　　　（b）$P = 10\ kPa$

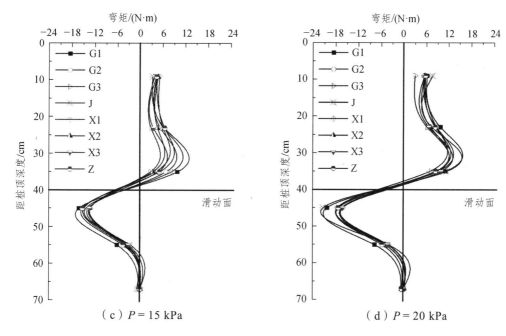

（c）$P = 15$ kPa　　　　　　（d）$P = 20$ kPa

图 9-20　桩身弯矩随荷载变化图

与工况一的试验结果对比可知，在增加了桩顶连系梁的工况下，桩身的弯矩分布情况主要存在以下差异：

（1）G1 桩的桩身最大弯矩值为 20.1 N·m，较工况一小 1.1 N·m，减小幅度约为 5.5%，说明连系梁的存在对桩身内力起到了一定的调节作用。

（2）由于连系梁的存在，各桩的受力具有一定的协调性，在顶部荷载相同时，各桩的桩身弯矩值较为接近，工况一中弯矩极值的分组现象不再明显。

（3）由于桩顶连系梁的存在，桩顶的变形受到了约束，顶部弯矩值不再接近于零；其余桩身弯矩的分布特点基本与工况一相同，不再赘述。

9.4.2.3　桩后土压力分析

图 9-21 为不同荷载作用时各桩桩身土压力的分布情况。由于其土压力分布情况与工况一基本相似，此处仅列出顶部荷载值为 15 kPa 和 20 kPa 时桩身的土压力分布情况。由图可知，在顶部荷载作用下，滑面以上土压力基本呈三角形分布。最大土压力值均出现在滑动面下部约 5 cm 处。对各桩附近的土压力的变化曲线进行分析可知：滑体发生滑动后各桩同时受力，各桩的桩后土压力基本和荷载值的增减规律一致；嵌固段的桩体由于受到滑床的嵌固作用，桩前承受了较大的土压力。

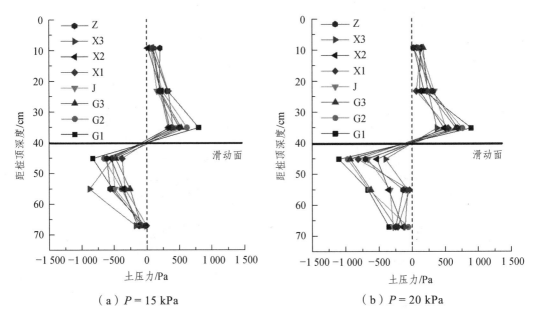

（a）$P = 15\ kPa$　　　　　　（b）$P = 20\ kPa$

图 9-21　桩后土压力随荷载变化图

同样，根据所测得的土压力对桩后推力的分配规律进行分析，将工况一和工况二中各桩桩后滑坡推力占比采用直方图表示，如图 9-22 所示。

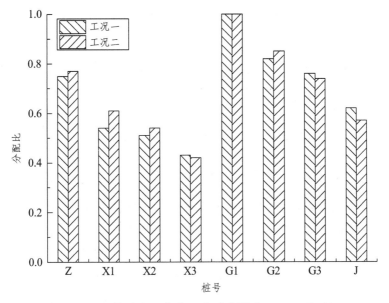

图 9-22　桩后土压力分配比对比图（$P = 20\ kPa$）

由图可知，工况二下各桩承受土压力的分配规律与工况一基本相似，沿着滑体的滑动方向，各桩所受的滑坡推力依次减小。两种工况下桩后推力分布的区别为：工况二中后排桩所承受的滑坡推力分配比略有减小，前排桩所承受的滑坡推力分配比稍有增大，其主要原因为在连系梁的约束作用下前排桩体的变形减小，桩体在受到土体的推力作用时不能散开，被围在结构内部的土体逐步楔紧并挤压前桩，导致前桩后部的土压力增大。可见，连系梁的存在对发挥前排桩的抗滑能力具有一定的作用，且由于土体被围在桩体中间，具有一定的"围桩-土耦合桩"的效果，可以一定程度上提高结构内部土体的利用效率。

9.4.3　工况三试验结果分析

该工况的布桩方式为：弦式布置-无连系梁，见图 9-6（c）。

9.4.3.1　桩顶位移分析

提取加载过程中百分表所测得的各桩顶部的水平位移进行分析，作出水平位移随顶部荷载的变化情况如图 9-23 所示。由图可知：

（1）变形趋势方面，各桩桩顶的位移值随着顶部荷载的增加逐渐增加，其变形趋势基本呈抛物线形。当顶部荷载 $P < 15$ kPa 时，桩顶位移增速相当缓慢，在该阶段后排桩（X1～X3、J）提供的抗力占比较大，由于后排桩数量较多，相对抗滑力较大；当顶部荷载值 $P > 15$ kPa 后，各桩桩顶位移的增速整体加大，但不同位置的桩桩顶位移增速有所不同，拱桩（G1～G3）桩顶位移的增速明显大于弦桩，这主要是各桩发生较大的变形后，前部土体开裂，抗滑桩有散开的趋势，导致桩前抗力减小。

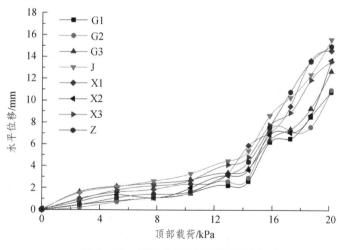

图 9-23　桩顶位移随荷载变化图

（2）变形值方面，当顶部荷载值 $P = 20$ kPa 时，桩顶的最大位移值为 15.6 mm，最大值出现的位置为脚桩（J）的桩顶；位于前排的 G1 桩的桩顶位移值最小，其值为

10.8 mm；位于中部的弦桩（X1）的桩顶水平位移值为 14.6 mm，其值较工况一中最大位移的中部桩（G1）桩顶的水平位移小 2.2 mm；抗滑结构在弦式布置情况下，其抗滑性能略强于拱式布置的情况。

在加载前期，各桩的桩顶位移差值相对较小，并未因为两侧桩数量的减小而使靠近两边的桩体发生较大的变形，表明此布置形式较适用于中部下滑力较大的工况。

9.4.3.2　桩身弯矩分析

1. 弯矩极值总体分布情况

将各桩桩身弯矩的极值排序如图 9-24，图中桩下部的编号为其桩身弯矩值的排序。

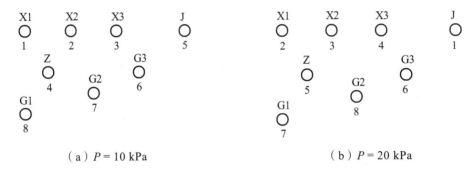

（a）$P = 10$ kPa　　　　　　　　（b）$P = 20$ kPa

图 9-24　桩身弯矩极值排序图

由图可知：

（1）在整个加载过程中，桩身弯矩的最大值并没有固定在某一根桩上。当顶部 $P < 15$ kPa 时，桩身的最大弯矩值出现在 X1 桩上；顶部荷载值 $P \geqslant 15$ kPa 时，桩身的最大弯矩值出现在 J 桩上。

（2）在顶部荷载由 10 kPa 增加至 20 kPa 的过程中，X1 桩的弯矩极值由 7.1 kPa 增大至 16.9 kPa，增幅为 9.8 kPa；J 桩的弯矩极值由 7.1 kPa 增大至 16.9 kPa，增幅为 14.9 kPa；在加载后期 J 桩的桩身弯矩值变化更为明显。同时，在顶部荷载超过 10 kPa 后，G1 桩桩身弯矩极值超过 G2 桩，其主要原因为中部承受了较大的滑坡推力。

2. 单桩桩身弯矩随荷载变化情况

图 9-25 为桩身弯矩随桩身长度的变化情况。由图可知：

（1）各桩的桩身弯矩分布情况基本呈 S 形，最大弯矩值为滑面以下约 5 cm 位置。

（2）当顶部加载值 $P = 5$ kPa 时，桩身弯矩随桩长的分布情况相对杂乱，土体尚不能有效地对桩体产生推力作用；当顶部加载值 $P = 10$ kPa 时，X1 桩和 X2 桩桩身弯矩值增大明显，S 形形成，位于迎滑一侧的后排桩的桩身弯矩基本上都大于前排桩的桩身弯矩；当顶部加载值 $P = 15$ kPa 时，最大弯矩值开始出现在 J 桩上，各桩的桩身弯矩值较为接近；当顶部加载值 $P = 20$ kPa 时，各桩的桩身弯矩极值差异加大，各桩"联合作战"的能力逐渐减弱。

以上不同荷载作用下桩身弯矩的变化情况基本反映了无连系梁时抗滑结构承受滑坡推力时内力调整的全过程，即后排桩先受力变形→所有桩共同作用→桩体散开。

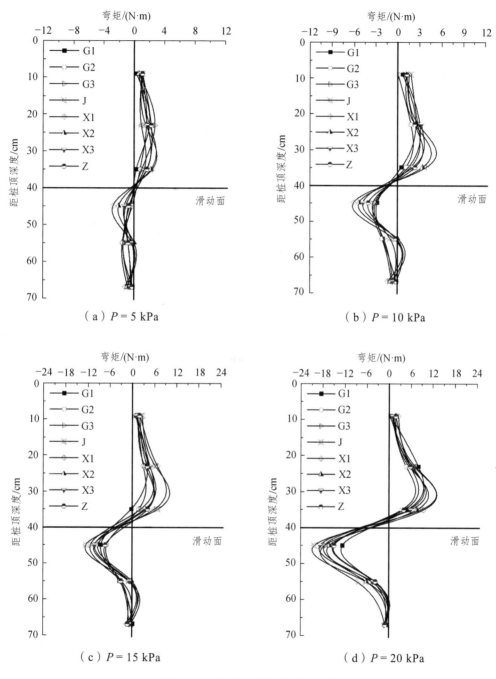

图 9-25　桩身弯矩随荷载变化图

9.4.3.3 桩后土压力分析

由上述图可知，桩后土压力的分布情况与前述工况较为相似，因此不再对土压力沿桩身的分布情况进行分析，仅对各桩对土压力的分配情况进行分析。参照工况一中对各桩分配推力的计算方法，与所测得的土压力对桩后推力的分配规律进行对比。在工况三和工况四中，X1 桩承受的土压力相对较大，故假设 X1 桩所承受的最大土压力为 1，则在坡顶荷载值为 20 kPa 时，其余各桩受荷桩后土压力极值与 X1 桩桩后土压力极值的比值见表 9-8。

表 9-8　各桩桩身受荷段土压力极值分布表

桩号	Z	X1	X2	X3	G1	G2	G3	J
土压力/Pa	548.68	772.8	749.61	710.97	409.58	394.12	455.95	640.76
占比	0.71	1	0.97	0.92	0.53	0.57	0.65	0.83

根据上表分析，可得各桩的推力分配规律如下：

（1）弦桩（X1 ~ X3）和脚桩（J）为本工况下的后排桩，其所受的滑坡推力明显大于前排的中桩（Z）和拱桩（G1 ~ G3）；后排桩所承受的滑坡推力由中间向两侧逐渐减小，但其减小值不大；当顶部荷载值 $P = 20$ kPa 时，推力分配比最大的 X1 桩所承受的推力值较 J 桩大 17%；各桩所承受滑坡推力由大到小的排序为 X1 > X2 > X3 > J。

（2）Z 桩和 G3 桩的压力分配比较为接近，其值分别为 0.71 和 0.65。G1 和 G2 则相当于排桩中的第三排桩，其压力分配比分别为 0.57 和 0.53。相较于拱式布置的抗滑结构，各桩所分配的推力更加均匀。

综合以上两点可知：在列车荷载作用下各桩所承受的滑坡推力的分布情况为后排桩大于前排桩，中部桩大于两侧桩。故在进行抗滑桩的布置时，应保证后排桩和中部桩能够提供较大的抗滑力。本抗滑结构后排桩的数量较大，且在中部相当于布置了三排桩，正好符合列车荷载对抗滑桩布置的要求。

9.4.4　工况四试验结果分析

该工况的布桩方式为：弦式布置-有连系梁，见图 9-6（d）。

9.4.4.1　桩顶位移分析

由于连系梁的约束作用，各桩顶部的位移差值较小，同样仅需要布置 3 个位移监测点即可，即顶部两个竖向位移监测点和一个水平位移监测点。测得的 3 个监测点的位移随荷载变化曲线见图 9-26（a），结构的变形趋势见图 9-26（b）。

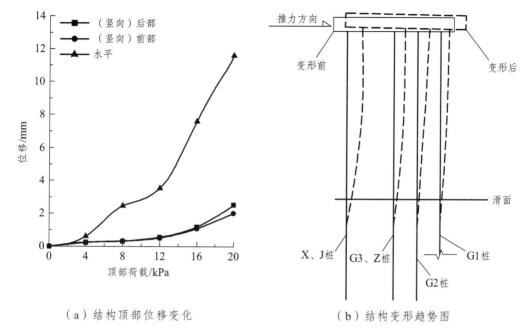

（a）结构顶部位移变化 （b）结构变形趋势图

图 9-26 结构变形图

由图可知：

（1）结构位移变化规律。

各监测点的位移随顶部荷载的增加逐渐增大，其中抗滑结构的水平位移变化曲线可以分为两段抛物线，在顶部荷载值 $P \in （0 \sim 8 \text{ kPa}）$ 时，结构的水平位移随顶部荷载值的增大缓慢增加，位移增速稍有加快，该抗滑结构在荷载作用前期的抗滑能力相对较强；在顶部荷载值 $P \in （8 \sim 20 \text{ kPa}）$ 时，结构的水平位移随荷载值的增加增大明显，且位移增速逐渐加大，后期的抗滑能力稍弱。

将工况四的桩前水平位移与工况三进行对比可知，当坡顶荷载值为 20 kPa 时，结构顶部的最大水平位移值为 11.62 mm，其值较工况三的桩顶最大水平位移值（15.6 mm）小 3.98 mm，减小幅度为 25.5%，桩顶连系梁对结构的抗滑能力有一定的加强作用。

（2）结构变形趋势。

对结构的竖向位移变化情况进行分析可知，在滑坡推力作用下，后部百分表监测到的连系梁位移值为 2.53 mm，前部百分表监测到的连系梁位移值为 2.13 mm，二者的差值为 0.4 mm，结构后、前部竖向位移比为 1.18，其变形规律与工况二基本相同；但由于弦式布置情况下后排桩数量较多，结构后部向上的位移较工况二小了 0.92 mm，前部向上的位移较工况二大 1.11 mm，抗滑结构各部位的变形更均匀，翻转趋势不是特别明显。根据位移监测结果，绘制出抗滑结构的变形趋势如图 9-26（b）所示。

9.4.4.2 桩身弯矩分析

由于工况四的桩身弯矩分布特点基本与工况三相同，因此仅列出 $P = 15\,kPa$、$20\,kPa$ 时桩身的弯矩分布情况，见图 9-27。

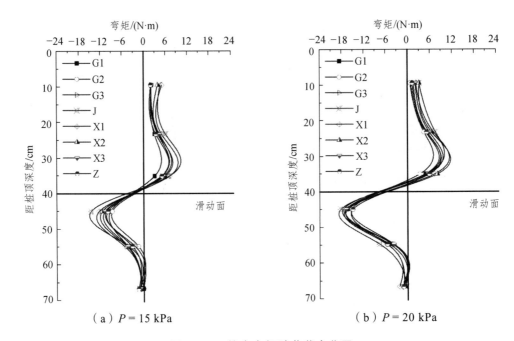

（a）$P = 15\,kPa$ （b）$P = 20\,kPa$

图 9-27　桩身弯矩随荷载变化图

由图可知，顶部荷载不同时，各桩桩身弯矩的极值基本随着荷载的增加逐渐增大，在加载结束（$P = 20\,kPa$）时，桩身最大弯矩值为 $18.2\,N \cdot m$，出现在 J 桩上；出现最大弯矩值的截面位于滑面以下约 $5\,cm$ 处。与工况三（无连系梁工况）的试验结果对比可知，由于桩顶连系梁的存在，桩顶的变形受到了约束，顶部弯矩值不为零。

9.4.4.3 桩后土压力分析

试验中测得的桩后土压力的分布情况与工况三基本相似，不再列出。假设 X1 桩所承受的最大土压力为 1，则在坡顶荷载值为 $20\,kPa$ 时，工况三和工况四时桩后土压力分配比对比如图 9-28 所示。

由图可知，在桩顶连系梁约束下，前排桩所承受的土压力均出现了少量的增加；其原因为在无连系梁的情况下，结构前部的坡体迅速开裂失去抗滑作用，而在有连系梁固定的情况下，结构前部的坡体虽然仍有开裂，但连系梁对前部桩体形成了约束，使桩间土被禁锢在结构内部，造成了作用在前部桩体上土压力的增大。

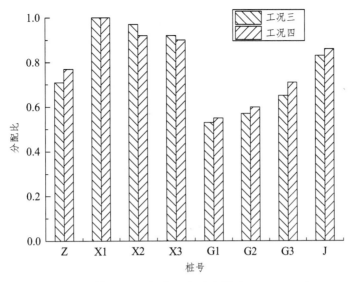

图 9-28 桩后土压力分配比对比图（$P = 20 \text{ kPa}$）

9.5 不同工况的试验结果对比分析

9.5.1 位移对比分析

将 4 种工况下桩顶（结构顶部）的位移情况作图对比分析，如图 9-29 所示。由于无连系梁工况下各桩顶部的位移不相同，图中工况一和工况三曲线为每一级荷载作用下 8 根桩桩顶位移的平均值。

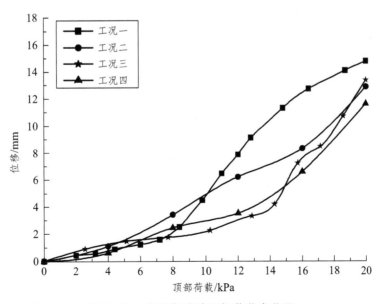

图 9-29 桩顶位移随顶部荷载变化图

由图可知，在顶部荷载值 $P = 20$ kPa 时，工况一、二、三、四的桩顶平均位移值分别为 14.75 mm、12.88 mm、13.37 mm 和 11.62 mm，以桩顶水平位移极值作为判定基准，采用工况四的结构设计方式其抗滑效果最好。

以桩顶是否有连系梁为标准，分类对各种工况下结构总的变形情况进行详细对比分析，结果如下：

1. 无连系梁（工况一、三）

在加载结束时，工况一和工况三桩顶位移均值较为接近，二者差值为 1.38 mm，但二者的变形曲线有明显的不同。在荷载作用的前期（$P < 8$ kPa），二者的位移增速均较小；在顶部荷载超过 8 kPa 后，工况一的桩顶位移值迅速增大，而工况三的桩顶位移值在顶部荷载超过 14 kPa 后才出现明显的增大，此时两种工况的桩顶位移差值为 7.1 mm，工况一的位移值明显大于工况三。

二者产生差异的原因为：工况一的后排桩数量较少，在受到滑坡推力时容易产生较大的变形，前排桩的数量虽然较多，但其发挥作用的前提是后排桩产生较大的变形，从而导致总的变形值较大；工况三中后排桩数量较多，在初期受力时发挥作用的抗滑桩较多，产生的位移量较小，前排桩数量相对较少，后期桩顶位移基本呈线性增加。

可见，虽然在加载结束时两种布桩方式的桩顶变形平均值相近，但工况三的布桩方式前期抗滑能力相对较强，在实际工程中应优先考虑工况三的布桩方式。

2. 有连系梁（工况二、四）

工况二和工况四是有连系梁工况下结构顶部的水平变形情况，加载结束时工况二和工况四的结构顶部的位移差值为 1.26 mm。相对于工况二，工况四时结构顶部位移值一直较小，且最终加载结束时水平位移值最小；在工程中设置连系梁工况时可优先考虑工况四的布桩方式。

需要指出的是，由于每次试验中填土密实度的差异，桩顶位移的数值仅可作为参考，但桩顶的位移变形趋势可以反映实际的变形规律；故根据位移监测结果，从桩顶位移增速和最终位移值角度分析，在实际工程中应考虑工况二和工况四的结构设置方式。

9.5.2 弯矩对比分析

表 9-9 为加载结束时不同工况的各桩桩身弯矩极值统计情况。由表可知，不同工况下桩身弯矩的极值有一定的差别，工况一中 G1 桩的桩身弯矩略大于其他工况，在考虑每次填土密实度等误差的情况下，较小的弯矩差值仅可作为参考，但可从各桩受力的协调程度对结构布置形式进行评判。

表 9-9　加载结束时不同工况桩身弯矩极值（单位：N·m）

桩号	工况一	工况二	工况三	工况四
G1	−21.80	−20.20	−13.67	−16.67
G2	−18.20	−17.30	−15.18	−15.18
G3	−16.50	−16.10	−17.51	−17.51
J	−16.80	−21.20	−20.30	−18.20
X1	−15.50	−17.50	−17.50	−16.80
X2	−15.30	−16.30	−16.19	−16.33
X3	−16.10	−16.10	−18.75	−16.75
Z	−18.90	−17.20	−15.38	−14.88
均值	−17.39	−17.74	−16.81	−16.54
均方差	2.18	1.93	2.13	1.10

根据表中桩身弯矩的极值情况，计算出加载结束时各桩桩身弯矩极值的均值和均方差值。由统计计算结果可知：

（1）均值：拱式布置（工况一、工况二）的桩身弯矩极值的均值略大于弦式布置（工况三、工况四）的桩身弯矩极值的均值。

（2）均方差值：各工况均方差值由大到小的排列顺序为工况一 ＞ 工况三 ＞ 工况二 ＞ 工况四，工况四的弯矩极值均方差最小。

考虑到各桩受力的协调性，根据均值和均方差计算结果可知，工况四为最优的桩体布置方式。

9.6　本章小结

本章基于实际工程，设计了列车荷载作用下新型抗滑结构的模型试验，采用顶部加载的方式模拟路面荷载，共设计了 4 种试验工况。试验结果表明：

（1）在列车荷载作用下，即使滑面为平面形式，拱式和弦式布置的各单桩也基本可以协调变形，故在设置抗滑桩时中部布置较多的桩、两侧布置较少的桩是可行的。

（2）拱式布置的抗滑桩由于中部桩体直接承受较大的滑坡推力，G1 会出现应力集中现象，导致 G1 桩的变形和内力均大于其余桩体；由于试验滑面为平面，弦式布置的抗滑桩的 J 桩在加载后期会出现较大的变形和内力。

（3）有连系梁的抗滑结构在受到推力作用后，结构的变形形式为：结构整体上升，且有向前翻转的趋势；拱式布置的抗滑结构后部和前部的竖向位移差值为 2.43 mm，弦式布置的抗滑结构后部和前部的竖向位移差值为 0.4 mm，拱式布置的抗滑结构翻转趋势更为明显。

（4）连系梁的存在可以减小结构整体的水平变形，拱式布置的抗滑结构在设置连系梁后水平位移值减小约 12.6%，弦式布置的抗滑结构在设置连系梁后水平位移值减小约 13.09%；故在施工中采用中、微型群桩加固坡体时应设置连系梁。

（5）连系梁的存在可以协调各桩体的内力。在设置连系梁后，拱式布置的抗滑桩桩身弯矩极值均方差由 2.18 降至 1.93，弦式布置的抗滑桩桩身弯矩极值均方差由 2.13 降至 1.10；同时，连系梁的存在可以提高抗滑结构禁锢桩间土的效果，充分发挥桩间土和前排桩的抗滑力，使结构和内部土形成耦合抗滑结构。

（6）由于排桩的遮蔽效应，后排桩会承受较大的推力，应考虑在后排设置较多的抗滑桩或增加后排桩的配筋，故综合考虑试验的结构变形和内力对比结果，在实际设计中应优先考虑工况四的布桩方式。

第 10 章　新型耦合抗滑结构耦合特性数值分析

根据上一章的试验结果，弦式布置-有连系梁的抗滑结构（工况四）具有较好的抗滑性能，本章着重对该耦合抗滑结构进行分析。耦合效应是新型抗滑结构发挥抗滑效果的关键，桩-土相对位移过大则抗滑措施失效。鉴于此，本章以土拱理论为基础，建立弹塑性平面分析模型，综合分析了抗滑结构耦合效应的形成机制和形态特征，并探讨影响结构耦合效应的因素和影响规律。

10.1　抗滑结构耦合效应的形成机制及形态特征

结构耦合效应的定义：当桩-土耦合效果较好时，结构外部的土体不能挤入，内部的土体也不能被挤出，结构与所围内部土可以形成一个有机的抗滑复合体，即为结构的耦合效应。

将结构耦合效应细化至内部各桩，则体现为桩间土拱不被破坏；现有的研究成果表明，抗滑桩能够发挥抗滑作用的关键是桩间的土拱效应，土拱形成的主要原因是桩体位移较小，桩后的土体由于被桩体约束而产生的位移较小，而桩间的土体由于缺乏约束而产生较大的位移，导致桩间土体和桩后土体产生较大的相对位移，使桩后土体产生剪应力，造成桩后土中主应力方向发生偏转，形成土拱效应进而发挥抗滑作用。因此，结构耦合效应分析可等同于结构内部土拱变化情况的分析。

10.1.1　分析方法及计算模型

考虑物理模型试验的难度，采用数值分析则具有方便、快速、低成本的特点，可进行多工况分析，故采用数值模拟新型抗滑结构的耦合效应特性。

相关研究结果表明，在对群桩的土拱效应和桩-土的荷载传递效果进行研究时可将计算模型简化为二维问题进行分析。拱弦式耦合抗滑结构的耦合效应实际上是各桩对所围土体的约束能力，其本质是桩-土的相对位移问题，这与普通抗滑桩的土拱问题是一致的。由前述计算结构可知，抗滑结构的各桩在承受滑坡推力时基本能够协调变形，各桩之间的相对位移值较小，可以近似认为在同一水平截面内各桩的相对位置是不发生变化的，故可以采用二维模型对抗滑结构的耦合特性进行分析。取地表以下一定深度处的单位厚度的土层作为分析对象，并做以下两点假设：

① 该单位厚度土层的位移仅限定在水平面内；

② 在受力过程中各桩的相对位置不发生变化。

目前一般采用强制位移的方式进行桩-土相互作用问题的研究。强制位移施加的方式有两类：一种是直接让桩体产生强制性的位移，分析桩身的受力情况；另一种是对模型边界施加一定的位移，分析桩体的受力情况。鉴于拱弦式耦合抗滑结构所承受荷载的非均布性，本节采用对模型边界施加位移的方式进行加载，加载的宽度根据路基底部宽度设定为 15 m。

选取地表以下一定深度的单位厚度的土层作为分析对象。为了减小边界效应对桩的影响，抗滑结构后部取 20 倍桩直径距离，前部取 10 倍桩直径的距离。模型下边界约束 y 方向位移，两侧边界约束 x 方向的位移，每根桩的中心点处设置 x、y 方向的位移约束。土体采用莫尔-库仑本构模型，抗滑桩采用线弹性模型；桩与土的接触面设置为考虑黏聚力的库仑摩擦模型。抗滑桩的截面取为圆形，直径为 0.5 m，桩身材料为 C35 混凝土，结构内部的主控桩间距 $S = 2$ m。土体的计算参数采用表 8-1 中全风化云母石英片岩的参数，桩的计算参数则采用混凝土的计算参数，划分网格后的模型如图 10-1 所示。

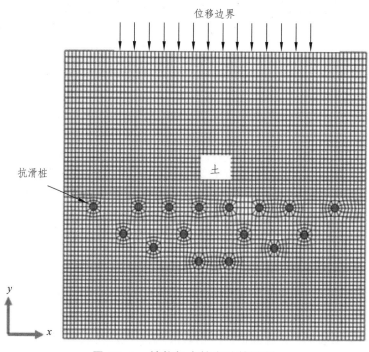

图 10-1　结构耦合效应计算模型

10.1.2　结构内部应力拱及其形成过程

计算获得的本抗滑结构附近土拱及其形成过程如下：

1. 土拱的分布情况

土拱的分布情况可以通过应力等值线来反映，图 10-2 是结构内部应力分布云图和等值线分布情况。由图可知：

（1）抗滑结构后部和桩间成拱效应明显，从应力云图可以看出位于结构内部大部分区域的土体的应力值基本相同，土体被较好地围在结构内部。

（2）抗滑结构内部形成了明显的围桩。中部的 6 根桩形成了围桩Ⅰ，两侧紧邻的 5 根桩形成了围桩Ⅱ，同时 J 桩和 G3 桩之间也形成了有效的土拱，抗滑结构和土共同发挥了抗滑作用。

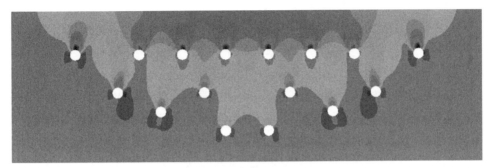

（a）应力云图

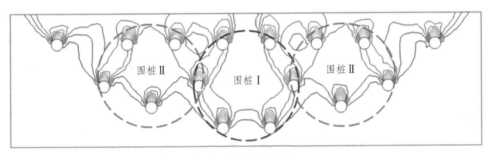

（b）应力等值线图

图 10-2　土体应力分布图

2. 土拱的形成过程

由于新型抗滑结构由多根桩组合而成，其发挥抗滑性能需要一个过程，而塑性区可以较好地反映土拱形成的位置，提取不同受力阶段时土体的塑性区发展情况见图 10-3。

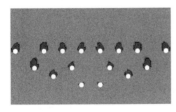　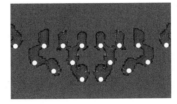　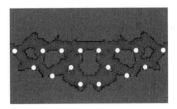

（a）土拱形成初期　　　　（b）土拱形成中期　　　　（c）土拱形成后期

图 10-3　土体塑性区的发展过程

根据不同加载阶段土体塑性区的变化情况，抗滑结构发挥耦合效应的过程为：

（1）下滑力传递至抗滑结构附近，由于桩体的约束作用，使桩附近的土体之间产生一定的不均匀位移，后排弦桩和脚桩的相邻桩之间形成土拱，提供一定的抗滑力。

（2）向前移动的桩间土体压缩结构内部的土体，使内部土体产生"楔紧"效果，进一步增大了结构的抗滑能力。

（3）随着结构内部土压力的增大，前排桩附近土体出现不均匀位移，前部的桩体之间也出现了有效的抗滑土拱；最终桩和土形成一个耦合的抗滑结构，共同发挥抗滑作用。

拱弦式耦合抗滑结构耦合特性发挥的关键就是约束变形较大的桩间土的位移，当后部土体承受较大推力变形后被挤入抗滑结构内时，一部分的推力被土体本身的抗剪强度所抵消，余下的部分则被前排桩体所承担；由于部分下滑力已经被后排桩和桩间土承担。前排桩承受的滑坡推力相对较小，前排桩的桩间土拱可以对结构内部的土体形成较好的约束效果，从而使结构的各桩和桩间土能够共同发挥抗滑作用。

10.1.3　桩-土相对位移分布规律

桩-土相对位移的云图可以直观地反映结构的耦合情况。数值分析计算所得的位移的等值线分布如图 10-4 所示。

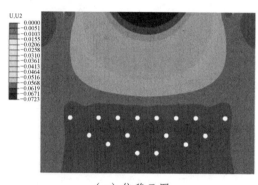
（a）位移云图

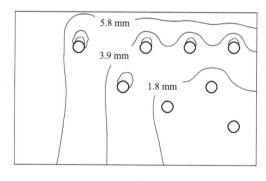
（b）局部放大图

图 10-4　土体位移分布图

由图可知：

（1）抗滑结构内部土体的变形相对较小，且结构内部土体的位移基本相同，总体上明显小于结构外部土体的位移，表明拱弦式耦合抗滑结构确实可以达到桩-土耦合的效果，结构与所围土体耦合成一个整体，形成了拱弦式耦合抗滑结构。

（2）根据结构周围位移等值线的局部放大图可知，整个抗滑结构耦合效果较好，在结构后部约 1 m 位置处的土体位移基本相同，抗滑结构起到了较好的挡土作用。同时，根据 3 条主要等值线的展布情况可知，中部区域的抗滑效果最好，由中部向两侧抗滑效果逐渐减弱，可较好地适用于中部下滑力较大的边坡加固。

10.2 抗滑结构耦合效应参数敏感性分析

结构-土的耦合效应是本新型抗滑结构发挥抗滑效果的关键之一，因此有必要对其影响因素的敏感性和变化规律进行分析。采用上节中的二维模型进行结构-土的耦合效应分析，在边界上施加较大的位移，使结构的承载力达到稳定值，然后再对结构承载力的变化过程、极限承载力和荷载分担比对参数的敏感性进行分析。本节采用正交分析手段对影响因素的敏感性进行定性分析。

10.2.1 影响因素和评价指标

1. 影响因素的选取

在采用抗滑结构对边坡进行加固时，抗滑结构的设计参数（桩截面形状和尺寸、桩间距）、坡体土参数（内摩擦角、黏聚力等）、桩-土接触参数（法向刚度、切向刚度、最终剪力等）都是影响结构耦合效果的因素。

虽然影响结构耦合效果的设计参数很多，但桩-土之间的接触参数可以根据土体和桩体参数进行计算，可不专门设置因素水平；拱弦式耦合抗滑结构涉及桩数量多，且考虑施工速度的因素，宜采用圆形截面。剩余的影响桩-土耦合效应的主要因素有土体的强度参数（内摩擦角 φ、黏聚力 c）、主控桩间距 S、桩径 d，故选取桩径、主控桩间距、土体黏聚力、土体内摩擦角这 4 个影响因素为试验因素。其中主控桩间距的含义如图 10-5 所示。

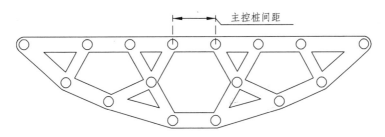

图 10-5　结构的主控桩间距示意图

2. 因素水平选取

本书所研究的新型抗滑结构使用的桩体为中小型桩，故设计桩径的取值范围为 0.35 ~ 0.5 m；根据已有的土拱效应研究成果，取主控桩间距的变化范围为（3 ~ 5）d；

鉴于拱弦式耦合抗滑结构主要加固的为蠕滑型的土质或者风化强烈的边坡，根据相关研究成果和勘查报告设置土体黏聚力的变化范围为 10～30 kPa，内摩擦角的变化范围为 10°～30°，则设置的因素水平情况见表 10-1。

表 10-1　因素水平表

水平	A：桩径/m	B：主控桩间距/m	C：黏聚力/kPa	D：内摩擦角/（°）
Ⅰ	0.30	3.0	10	10
Ⅱ	0.35	4.0	15	15
Ⅲ	0.40	5.0	20	20
Ⅳ	0.45	6.0	25	25
Ⅴ	0.50	7.0	30	30

3. 评价指标

在对普通的单桩或单排桩进行研究时，桩身极限承载力以及桩土荷载分担比是反映桩-土相互作用的两个重要指标。对于拱弦式耦合抗滑结构则可将结构耦合极限承载力以及结构的荷载分担比这两个指标作为抗滑结构耦合特性的评价指标。

结构耦合极限承载力的定义为：当桩间土承受较大的推力时，桩间土拱会出现破坏，土体从桩间流出，使作用在桩体上的土压力值不再增加，达到一个极限值，称之为桩身极限承载力；由于该极限承载力是以桩间土拱破坏为基准的，故对于新型抗滑结构则可定义为结构耦合极限承载力。

结构的荷载分担比的定义为：本章参考已有研究对桩土荷载分担比的定义，考虑耦合抗滑结构整体抗滑的设想，将结构和所围内部土作为一个整体，并将二者分担的下滑力与总下滑力的比值作为结构的荷载分担比，结构前部土体所分担的下滑力与总下滑力的比值作为土的荷载分担比。

10.2.2　正交试验分析

根据试验因素和水平情况，本次试验原应是 4 因素 5 水平的正交试验，但考虑到试验过程中可能存在误差，故在根据所选正交表安排完因素后，再设置一列空白列用于考察试验误差。鉴于此，本书选择的为 $L_{25}(5^6)$ 的正交试验表格。根据正交试验表的设计，共进行 25 次试验。正交试验表如表 10-2 所示。

表 10-2 正交试验表

试验号	因素水平					评价指标	
	A	B	C	D	空白列	耦合极限承载力/kN	结构的荷载分担比
1	I	I	I	I	I	296.32	0.714
2	I	II	II	II	II	515.94	0.701
3	I	III	III	III	III	1 125.37	0.708
4	I	IV	IV	IV	IV	1 605.29	0.774
5	I	V	V	V	V	3 281.06	0.828
6	II	I	II	III	IV	1 037.76	0.795
7	II	II	III	IV	V	1 751.85	0.863
8	II	III	IV	V	I	3 247.63	0.836
9	II	IV	V	I	II	953.36	0.607
10	II	V	I	II	III	489.15	0.672
11	III	I	III	V	II	2 591.67	0.876
12	III	II	IV	I	III	909.35	0.722
13	III	III	V	II	IV	1 257.14	0.754
14	III	IV	I	III	V	746.62	0.731
15	III	V	II	IV	I	1 369.56	0.738
16	IV	I	IV	II	V	1 398.3	0.806
17	IV	II	V	III	I	1 979.78	0.834
18	IV	III	I	IV	II	1 278.31	0.821
19	IV	IV	II	V	III	2 538.8	0.863
20	IV	V	III	I	IV	803.01	0.624
21	V	I	V	IV	III	3 066.02	0.903
22	V	II	I	V	IV	2 342.3	0.864
23	V	III	II	I	V	695.302	0.674
24	V	IV	III	II	I	1 226.09	0.722
25	V	V	IV	III	II	1 946.09	0.814

185

10.2.2.1 极差分析

1. 结构耦合极限承载力极差分析

表 10-3 是本次正交试验中结构耦合极限承载力的极差分析结果，图 10-6 是本次正交试验中结构耦合极限承载力的均值主效应图。表中：K_{ij}（i = 1，2，3，4，5；j = 1，2，3，4，5）表示评价指标 i 在 j 水平时的试验结果的平均值；R 为某个影响因素的极差，R 值的大小可以在一定程度上反映该因素对相应指标的影响程度。

表 10-3　结构耦合极限承载力极差分析结果（单位：kN）

水平	A	B	C	D
K_{11}	1 364.8	1 678.0	1 030.5	731.5
K_{12}	1 495.9	1 499.8	1 231.5	977.3
K_{13}	1 374.9	1 520.8	1 499.6	1 367.1
K_{14}	1 599.6	1 414.0	1 821.3	1 814.2
K_{15}	1 855.2	1 577.8	2 107.5	2 800.3
R	490.4	264.0	1 076.9	2 068.8
排秩	3	4	2	1

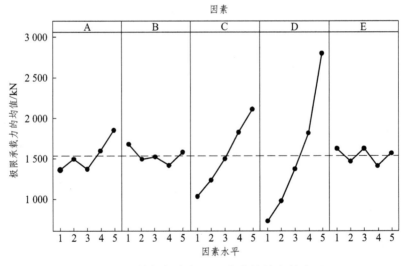

图 10-6　结构耦合极限承载力均值主效应图

由结构耦合极限承载力极差分析表和均值主效应分析图可知：各影响因素对结构耦合极限承载力影响的主次顺序为土体内摩擦角 > 土体黏聚力 > 桩径 > 主控桩间距。土体内摩擦角对结构的耦合极限承载力的影响最大，基本呈指数型增大，随着土体内摩擦角的增大，结构耦合极限承载力越大，且增幅越来越大。土体的黏聚力对结构的耦合极限承载力的影响较大，随着黏聚力的增大，结构的耦合极限承载力基本呈线性增加。随着桩径的增加，结构的耦合极限承载力基本呈上升趋势，但增幅相对较小。

2. 结构荷载分担比极差分析

表 10-4 是本次正交试验中结构荷载分担比的极差分析结果，图 10-7 是本次正交试验中结构荷载分担比的均值主效应图。由结构耦合极限承载力极差分析表和均值主效应分析图可知：各影响因素对结构荷载分担比影响的主次顺序为土体内摩擦角 > 主控桩间距 > 桩径 > 土体黏聚力。

表 10-4 结构荷载分担比的极差分析结果

水平	A	B	C	D
K_{21}	0.745	0.819	0.760	0.768
K_{22}	0.755	0.797	0.754	0.764
K_{23}	0.764	0.759	0.759	0.774
K_{24}	0.789	0.739	0.79	0.762
K_{25}	0.795	0.735	0.785	0.780
R	0.050	0.084	0.036	0.018
排秩	3	2	4	1

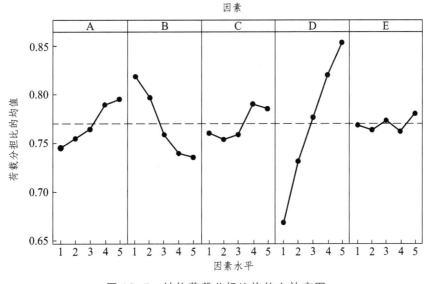

图 10-7 结构荷载分担比均值主效应图

土体内摩擦角对结构的荷载分担比的影响最大，基本呈指数型增大，随着土体内摩擦角的增大，结构所承受的推力越大，但增幅逐渐减小。主控桩间距对结构的荷载分担比的影响较大，随着桩间距的增大，结构的荷载分担比逐渐下降。桩径的变化对结构的荷载分担比有一定的影响，随着桩径的增大，结构的荷载分担比有小幅的上升。土体黏聚力的变化对结构荷载分担比的影响不明显。

10.2.2.2 方差分析

极差分析简单快捷但难以判断各因素在不同水平所得的试验结果波动的原因。为了弥补样本极差值不能判断所考察因素对试验指标影响是否显著的缺陷，以下采用方差分析的手段对各因素对指标的影响程度进行判断，即判断各因素影响的显著性。

在方差分析中，根据计算出的统计值 F 与给定显著性水平 α 的临界值 F_α 进行比较，对原假设进行接收或拒绝。原假设声明该因素与评价指标之间没有关联：若 $F > F_\alpha$，则拒绝原假设，所检验的因素对评价指标有显著影响；若 $F \leqslant F_\alpha$，则接受原假设，所检验的因素对评价指标无显著的影响。

取显著性水平 α 值为 0.05，当 $F > F_{0.05}(r-1, n-1)$ 时表示该因素对指标有显著影响，标记为"*"；当 $F \leqslant F_{0.05}(r-1, n-1)$ 时表示该因素对指标无显著影响，标记为"-"。r 和 n 分别为误差的个数和影响因素的个数。查 F 分布表，$F_{0.05}(4,4) = 6.39$。计算出的结构耦合极限承载力方差分析结果和结构荷载分担比方差分析结果分别见表 10-5 和表 10-6。

表 10-5　结构耦合极限承载力方差分析结果

方差来源	调整平方和	自由度	F 值	显著性
桩径	813 850	4	4.43	-
主控桩间距	191 537	4	1.04	-
黏聚力	3 787 624	4	20.63	*
内摩擦角	13 318 601	4	72.56	*
误差	367 112	4	—	—

表 10-6　结构荷载分担比方差分析结果

方差来源	调整平方和	自由度	F 值	显著性
桩径	0.009 6	4	1.87	-
主控桩间距	0.026 9	4	5.22	-
黏聚力	0.005 6	4	1.09	-
内摩擦角	0.106 8	4	20.74	*
误差	0.010 3	4	—	—

由上述表可知：各影响因素对结构耦合极限承载力影响的主次顺序为土体内摩擦角 > 土体黏聚力 > 桩径 > 主控桩间距，各影响因素对结构荷载分担比影响的主次顺序为土体内摩擦角 > 主控桩间距 > 桩径 > 土体黏聚力。方差分析与极差分析结果完全吻合，证明了极差分析的正确性。

土体内摩擦角对两个评价指标影响的 F 值均大于 $F_{0.05}$，表明其对两个指标的影响程度均为"显著"；土体黏聚力对结构耦合极限承载力指标影响的 F 值大于 $F_{0.05}$，表明该因素对该指标的影响程度为"显著"；其余影响因素对评价指标的影响均为"不显著"。

10.3　抗滑结构耦合特性影响因素分析

10.3.1　桩径对结构耦合特性的影响

1. 结构耦合极限承载力分析

鉴于拱弦式耦合抗滑结构施工快速、抗滑力大的要求，过小的桩径难以提供较大的抗滑力；限于施工工艺的影响，过大的桩径则难以快速施工。故抗滑结构中桩的尺寸设置为 $0.3 \sim 0.5$ m。当桩间距为 4 倍桩径、黏聚力为 20 kPa、内摩擦角为 20°时，不同桩径抗滑结构的耦合极限承载力随结构-土相对位移的变化情况如图 10-8 所示。

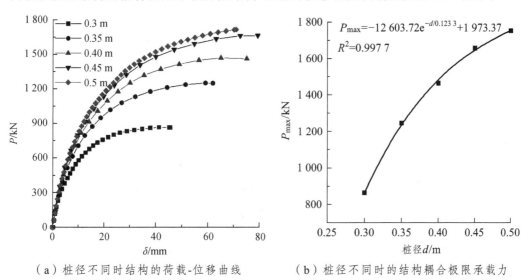

（a）桩径不同时结构的荷载-位移曲线　　（b）桩径不同时的结构耦合极限承载力

图 10-8　桩径不同时结构承载力变化图

图 10-8（a）是不同桩径情况下结构承载力-相对位移的变化曲线。由图可知：随着结构-土的相对位移增大，结构所承受的推力值是逐渐增大的；前期的增速较大，随着相对位移的增大，增速逐渐减小，最终结构所承受的推力值趋于稳定或稍有下降。可见结构本身是存在耦合极限承载力的。

提取不同桩径时结构的极限承载能力进行分析。由图 10-8（b）可知：随着桩径的增大，结构的耦合极限承载力呈指数型增大，但增速逐渐放缓，表明桩径对结构的耦合极限承载力有较大的影响；但是桩径超过一定值后桩径增大对抗滑力的贡献度逐渐下降。可见在保证桩体抗剪强度足够的情况下，不必盲目增大抗滑桩的桩径。

2. 结构-土荷载分担比分析

图 10-9 是不同桩径情况下结构-土的荷载分担比情况。由图可知：随着桩径的增加，结构的荷载分担比逐渐增大，但增速随着桩径的增加逐渐减小；桩径由 0.3 m 增加至 0.4 m 的过程中，结构的荷载分担比增加了 0.151，增幅为 21.4%；桩径由 0.4 m 增加至 0.5 m 的过程中，结构的荷载分担比增加了 0.047，增幅为 5.49%。

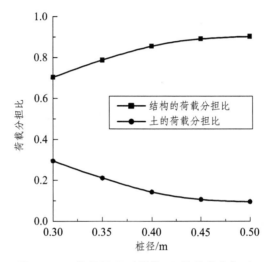

图 10-9　桩径不同时结构-土的荷载分担比

3. 综合分析

从结构的耦合极限承载力和结构-土的荷载分担比的变化规律可以看出：

（1）桩径的增大可以显著提高结构的极限承载能力，在桩径由 0.3 m 增加至 0.5 m 的过程中，结构的耦合极限承载力提高了 200.2%；桩径的增加对结构耦合极限承载力的增幅作用是非线性相关的，桩径越大其对耦合极限承载力的增幅越不明显。

（2）桩径的增大对结构的荷载分担比有一定的影响，即结构的荷载分担比随桩径的增加逐渐变大，在桩径由 0.3 m 增加至 0.5 m 的过程中，结构的荷载分担比增大了 28.1%，且桩径越大，其对结构-土的荷载分担值的影响越不明显。

10.3.2　主控桩间距对结构耦合特性的影响

1. 结构耦合极限承载力分析

以桩径为 0.4 m、桩周土体的黏聚力为 20 kPa、内摩擦角为 20° 为例进行分析，设置主控桩间距的值分别为 3d、4d、5d、6d、7d，分析不同主控桩间距情况下结构的耦合极限承载力，计算结果如图 10-10 所示。

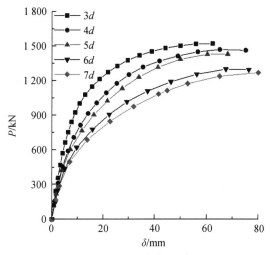
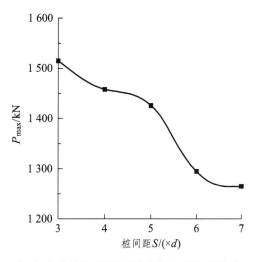

（a）主控桩间距不同时结构的荷载-位移曲线　　（b）主控桩间距不同时的耦合极限承载力

图 10-10　桩间距不同时结构承载力变化图

由图 10-10（a）可知，结构所承受的推力随相对位移的增加逐渐增大，但在不同桩间距情况下结构所承受的荷载与桩-土相对位移曲线有所不同。主控桩间距越小，结构越快达到耦合极限承载力值，其原因为本章所述的结构的承载力是提取的桩身反力：当桩间距较小时，结构后部和结构内部土体迅速被压密并变形，后部的推力迅速通过土拱效应传递至桩身，使桩身承受的推力值不再增加；而当桩径较大时桩间土体被压缩至极限时需要较大的相对位移。

提取不同桩间距时结构的极限承载能力进行分析。由图 10-10（b）可知，随着桩间距的增大，桩身所承受的耦合极限承载力的值呈下降趋势。根据曲线的变化情况可将曲线分为三段：桩间距为（3～5）d 时，该阶段结构的耦合极限承载力随桩间距的增加变化不明显，桩-土的耦合效果较好；桩间距由 $5d$ 增加到 $6d$ 的过程中，结构所承受的耦合极限承载力下降明显；桩间距超过 $6d$ 以后，结构所承担的荷载值基本不再变化，在该阶段桩间已经难以形成土拱。

2. 结构-土荷载分担比分析

图 10-11 是在不同主控桩间距情况下结构-土荷载分担比的变化规律。由图可知：在桩间距较小时，抗滑结构承担了较大的荷载，如在桩间距为 $3d$ 时，抗滑结构的荷载分担比为 0.912，土的荷载分担比为 0.088，抗滑结构将土体阻拦在结构后部或围在桩体内部，导致仅有少量的下滑力传递至结构的前部。随着主控桩间距的增加，抗滑结构的荷载分担比下降，土的荷载分担比增加。且二者的变化特征呈现明显的非线性关系：当主控桩间距 $S \in （3～5）d$ 时，抗滑结构的荷载分担比随桩间距的增加缓慢地减小；当桩间距由 $5d$ 增加至 $6d$ 时，结构的荷载分担比突然下降，随后荷载分担比趋于稳定。以上分析结果进一步说明：在桩间距较小时，结构内部各桩桩间土拱效应较好，

土体被围在结构内部，和桩体共同发挥抗滑作用，使较小的下滑力传递至结构前部的土体中；而桩间距较大时桩间土拱效应较差，桩间土向前移动并挤出抗滑结构，导致结构前部的土体承担的下滑力增加。

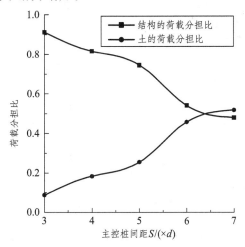

图 10-11　主控桩间距不同时结构、土的荷载分担比

10.3.3　桩周土体参数对结构耦合特性的影响

1. 结构耦合极限承载力分析

土体参数是影响结构抗滑特性的一个重要因素，对于莫尔-库仑本构模型，影响结构抗滑性能的土体参数主要包括内摩擦角 φ、黏聚力 c。采用单变量分析的方法分析两个强度参数的变化对结构抗滑特性的影响。当桩径为 0.5 m、桩间距为 2 m，内摩擦角为 20°时，不同黏聚力情况下结构的位移-荷载曲线如图 10-12 所示。

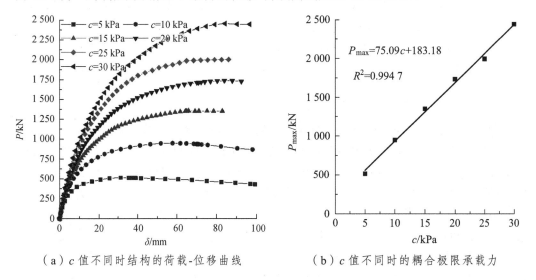

（a）c 值不同时结构的荷载-位移曲线　　　　（b）c 值不同时的耦合极限承载力

图 10-12　c 值不同时结构承载力变化图

由图 10-12（a）可知，随着桩周土体黏聚力的增加，结构的荷载-位移变化曲线变化明显，随着桩-土相对位移的增大，结构的耦合极限承载力值也增加。图 10-12（b）是结构耦合极限承载力随对黏聚力值的变化曲线。由图可知结构的耦合极限承载力与黏聚力值呈线性相关关系，拟合曲线的相关性系数为 0.994 7，土体的黏聚力越大，结构的耦合极限承载力越大。

图 10-13 是不同 φ 值情况下结构的荷载-位移曲线，由图可知其变形趋势与不同 c 值的曲线的变化趋势基本相同。与结构耦合极限承载力和黏聚力的对应变化关系不同的是，结构的耦合极限承载力随土体的内摩擦角的增加呈指数函数变化，且增幅越来越大；与土体黏聚力对结构耦合极限承载力的影响相比，土体的内摩擦角对结构的耦合极限承载力的影响更大。

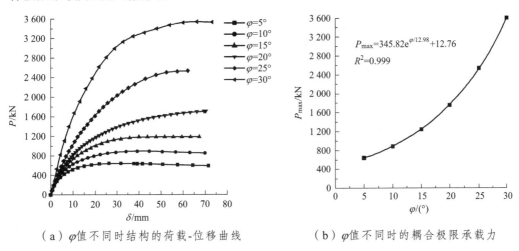

（a）φ 值不同时结构的荷载-位移曲线　　　　（b）φ 值不同时的耦合极限承载力

图 10-13　φ 值不同时结构承载力变化图

2. 结构-土荷载分担比分析

图 10-14（a）是不同黏聚力时结构和土的荷载分担比的变化情况。由图可知，黏聚力的变化对结构和土的荷载分担比影响相对较小，桩周土体的黏聚力在由 5 kPa 增加至 30 kPa 的过程中，结构的荷载分担比增加了 0.09，增幅约为 11.36%。可见桩周土体的黏聚力对结构的荷载分担比有一定的影响，但是影响幅度相对较小。

图 10-14（b）是不同土体内摩擦角情况下结构和土的荷载分担比变化情况。由图可知，随着桩周土体内摩擦角的增大，结构的荷载分担比增大明显，在桩周土体的内摩擦角由 5°增大至 30°的过程中，结构的荷载分担比由 0.519 加至 0.917，增幅为 76.7%；结构的荷载分担比随桩周土体内摩擦角的变化呈非线性相关，土体内摩擦角较小时结构的荷载分担比对内摩擦角的变化较为敏感，在本例中，桩周土体的内摩擦角超过 20°后结构的荷载分担比基本不再增大。

对比桩周土体的两个重要参数对结构和土的荷载分担比的影响可知，桩周土体的内摩擦角对结构荷载分担比的影响明显大于黏聚力对结构荷载分担比的影响。

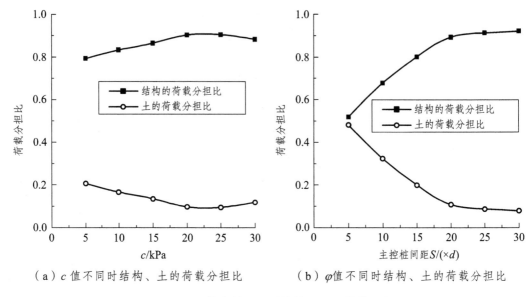

（a）c值不同时结构、土的荷载分担比　　　（b）φ值不同时结构、土的荷载分担比

图 10-14　土体参数不同时结构、土的荷载分担比

10.4　本章小结

本章采用有限元分析的方法，通过大量的数值模拟试验，系统分析了对结构耦合效应的发挥机理，探讨了结构耦合效应的参数敏感性。得到的部分结论如下：

（1）新型抗滑结构发挥抗滑作用的机理是：结构后部土体受到推力后产生相对位移在后排桩间形成土拱，提供一定的抗滑力；变形较大的部分土体向结构内部挤压并压密土体，提高了结构内部土体的抗剪强度；推力在克服结构内部土抗力并产生相对位移后，在前部桩间形成土拱，使土体不能挤出抗滑结构；最终整个抗滑结构形成"三个围桩+两大土拱"的耦合抗滑结构，结构与内部土体共同承担后部土压力。

（2）以桩间土拱效应为判据，定义了结构耦合极限承载力和结构的荷载分担比的概念，并将其作为结构耦合效应的评价指标。其中，结构的耦合极限承载力随各参数的变化规律为：

随着桩径的增大，结构耦合极限承载力值呈指数型增大，但增速逐渐放缓。随着桩间距的增大，结构耦合极限承载力值呈下降趋势，桩间距为（3~5）d 时，耦合极限承载力值的变化不明显，桩-土的耦合效果较好；桩间距由 $5d$ 增加到 $6d$ 的过程中，耦合极限承载力值下降明显；桩间距超过 $6d$ 以后，耦合极限承载力值基本不再变化。随着桩周土体黏聚力的增大，结构耦合极限承载力值呈线性增加；随着桩周土体内摩擦角的增大，耦合极限承载力值呈指数型增加，且增速越来越快。

（3）结构的荷载分担比对桩周土体的内摩擦角 φ 的变化最为敏感，随着 φ 值的增大，结构的荷载分担比迅速上升；结构的荷载分担比对主控桩间距的敏感程度次之，随着主控桩间距的增大，结构的荷载分担比有所下降，当土体的内摩擦角较小时应采用较小的桩间距，反之则可采用较大的桩间距；桩径的增大可以提高结构的荷载分担比，但影响程度不大；桩周土体黏聚力对结构的荷载分担比影响较小，未显示出明显的规律。

第 11 章　新型耦合抗滑结构理论计算与应用

拱弦式耦合抗滑结构作为一种新型抗滑结构，包含桩体数量多，其力学和变形特性较常规抗滑桩复杂，目前尚未有适合的理论计算方法。该结构依据下滑力布桩，同时注重发挥桩-土之间的耦合效应和整个结构的联合能力，最大限度发挥桩间土的抗滑效果，故对结构进行内力和变形计算时，需要考虑桩间土体对力的传递效果，现有抗滑桩内力计算方法不再适宜。因此，本章借鉴微型桩组合抗滑结构的计算方法，同时考虑桩间土体对抗滑效果的贡献，探索一种适合于拱弦式耦合抗滑结构的理论计算方法。

11.1　考虑桩-土效应的理论计算方法

目前，针对组合抗滑结构力学特性一般采用"平面刚架"假设，只考虑桩和梁等结构构件内部力的传递，未考虑抗滑结构内部土体对推力的传递效果，而实际上围桩在受到滑坡推力后，桩间土体被压缩并移动会对前排桩体产生附加推力作用。耦合抗滑结构的土体被禁锢在结构内部，是传递滑坡推力的重要组成部分；同时，耦合抗滑结构的围桩桩径相对较小，附加推力会对桩体的变形和内力产生较大影响，必须考虑结构内部土体对结构的影响。

11.1.1　理论计算模型

拱弦式耦合抗滑结构中桩体的布置形式相对不规则，在利用常规计算理论时存在一定的困难。为了使计算模型规则，在结构中增加三根"虚桩"，增加"虚桩"后的抗滑结构变成三排规则排布的抗滑桩，如图 11-1 所示。增加"虚桩"后的抗滑结构可以采用多排桩之间的力传递规律，故可首先基于双排中、小直径桩的组合抗滑结构进行理论公式的推导，然后再推广应用至拱弦式耦合抗滑结构。

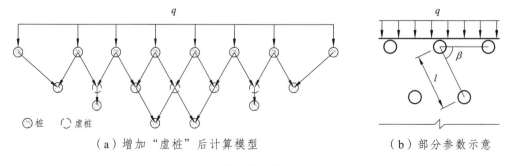

（a）增加"虚桩"后计算模型　　　　　　（b）部分参数示意

图 11-1　新型抗滑结构理论计算模型

抗滑结构抵抗滑坡推力是一个从后向前逐步发挥作用的过程，后排围桩先受到滑坡推力并产生变形，变形后的桩体会产生两部分的推力，一部分推力通过桩顶连系梁传递至前排桩，另一部分推力则通过桩间土传递至前排围桩。当滑坡推力作用使得后排桩发生变形后，后排桩的变形必然会对桩排之间的土形成挤压效果。严格来讲，桩排之间的滑体、滑带和滑床部分的土均会受到挤压，但由于滑床土体较为坚硬，土体变形较小，其对前、后排围桩的影响可以忽略；而滑带一般较薄，可以将其归入滑体一起考虑。故可以针对多排围桩的情况假定如下：

① 各桩底部固定在基岩中，滑面处为固定端；

② 桩和顶部连系梁的连接为固定连接，且连系梁刚度远大于桩体；

③ 组合结构顶部仅发生水平移动，各桩顶部的位移相等；

④ 桩体受荷段承受的滑坡推力为均布荷载，荷载集度为 q。

截取排桩中任意两根（普通双排）、三根（梅花双排）桩进行分析，则普通双排桩和梅花形布置的双排桩均可以简化为平面刚架形式；同时，增加考虑桩间土对推力的传递作用。计算模型如图 11-2 所示。

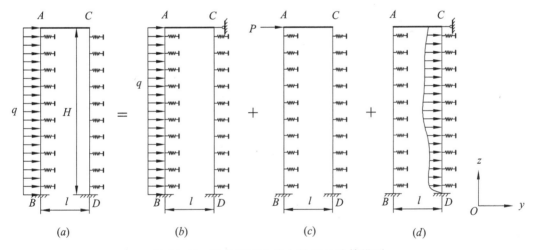

图 11-2　考虑桩间土传力效果的计算模型

AB 为后排桩，CD 为前排桩；P 为虚拟支座反力；H 为受荷段桩长。

其中，图（b）和（c）为根据结构力学原理的"平面刚架"假设获得的计算模型分解图；图（d）为考虑围桩-土效应后作用在前桩上的附加推力图。则图（a）中前、后桩的变形和内力可以由图（b）（c）（d）的计算结果叠加得到。

根据上述计算模型，组合结构的计算可以分解为两大部分：首先通过"刚架法"计算得到由后排围桩承受推力导致的桩体的变形和内力；然后考虑桩间土对前排围桩的附加作用，并对前排围桩的计算结果进行修正。

11.1.2 "刚架法"——桩体变形及内力计算

根据结构力学原理得到计算模型如图 11-3。桩 *AB* 可分解为一根两端固定和一根一端固定、一端滑动的桩，即图 11-3（a）和图 11-3（b），桩 *AB* 的变形和内力可通过两部分计算结果叠加得到；在"刚架法"计算过程中，*CD* 桩仅承受桩顶部由连系梁传递而来的集中力作用，其内力和变形则可由图 11-3（b）计算得出。

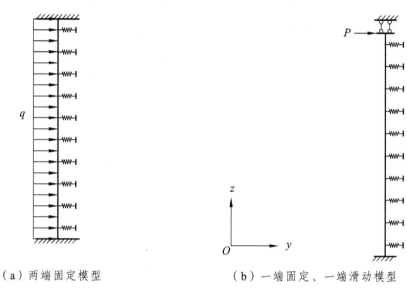

（a）两端固定模型 　　　　　　　　　　　（b）一端固定、一端滑动模型

图 11-3　单根桩的计算模型

根据弹性地基梁理论，桩的挠曲线方程可以表示为：

$$q(z) = EI\frac{\mathrm{d}^4 y}{\mathrm{d}z^4} + kby \tag{11-1}$$

式中：k 为地基的基床系数；EI 为桩体的抗弯刚度；b 为桩体的计算宽度；y 为桩的挠度；z 为计算点到滑面的距离。土体的弹性特征值可表示为 $\alpha = \sqrt[4]{\dfrac{kb}{4EI}}$。

当桩后承受均布荷载时，桩 *CD* 的挠度为 y_{CD}，截面转角为 θ_{CD}，弯矩为 M_{CD}，剪力为 Q_{CD}，则有：

$$\left.\begin{aligned}
y_{CD} &= -M_0^{CD}\frac{2\alpha^2}{bk}\phi_3 - Q_0^{CD}\frac{\alpha}{bk}\phi_4 \\
\theta_{CD} &= -M_0^{CD}\frac{2\alpha^3}{bk}\phi_2 - Q_0^{CD}\frac{2\alpha^3}{bk}\phi_3 \\
M_{CD} &= M_0^{CD}\phi_1 + Q_0^{CD}\frac{1}{2\alpha}\phi_2 \\
Q_{CD} &= -M_0^{CD}\alpha\phi_4 + Q_0^{CD}\phi_1
\end{aligned}\right\} \tag{11-2}$$

式中：

$$\phi_1 = \cosh(\alpha z)\cos(\alpha z)$$
$$\phi_2 = \cosh(\alpha z)\sin(\alpha z) + \sinh(\alpha z)\cos(\alpha z)$$
$$\phi_3 = \sinh(\alpha z)\sin(\alpha z)$$
$$\phi_4 = \cosh(\alpha z)\sin(\alpha z) - \sinh(\alpha z)\cos(\alpha z)$$

设 P 为虚拟支座反力，则有：

$$\left.\begin{aligned}
M_0^{CD} &= \frac{-P \cdot \sinh(\alpha H)\sin(\alpha H)}{\alpha\left[\cos(\alpha H)\sin(\alpha H) + \sinh(\alpha H)\cosh(\alpha H)\right]} \\[2ex]
Q_0^{CD} &= \frac{-P\left[\cosh(\alpha H)\sin(\alpha H) + \sinh(\alpha H)\cosh(\alpha H)\right]}{\cos(\alpha H)\sin(\alpha H) + \sinh(\alpha H)\cosh(\alpha H)}
\end{aligned}\right\} \tag{11-3}$$

桩 AB 的挠度 y_{AB}、截面转角 θ_{AB}、弯矩 M_{AB} 和剪力 Q_{AB} 分别为：

$$\left.\begin{aligned}
y_{AB} &= -M_0^{AB}\frac{2\alpha^2}{bk}\phi_3 - Q_0^{AB}\frac{\alpha}{bk}\phi_4 + \frac{1-\phi_1}{bk}q + y_{CD} \\[1.5ex]
\theta_{AB} &= -M_0^{AB}\frac{2\alpha^3}{bk}\phi_2 - Q_0^{AB}\frac{2\alpha^3}{bk}\phi_3 + \frac{\alpha}{bk}q\phi_4 + \theta_{CD} \\[1.5ex]
M_{AB} &= M_0^{AB}\phi_1 + Q_0^{AB}\frac{1}{2\alpha}\phi_2 - \frac{1}{2\alpha^2}q\phi_3 + M_{CD} \\[1.5ex]
Q_{AB} &= -M_0^{AB}\alpha\phi_4 + Q_0^{AB}\phi_1 - \frac{1}{2\alpha}q\phi_2 + Q_{CD}
\end{aligned}\right\} \tag{11-4}$$

式中：M_0^{AB} 和 Q_0^{AB} 分别为 $z=0$ 时桩 AB 的弯矩值和剪力值。其中：

$$M_0^{AB} = mq + M_0^{CD}$$

$$m = \frac{1}{2\alpha^2} \cdot \frac{\sin(\alpha H) - \sinh(\alpha H)}{\sin(\alpha H) + \sinh(\alpha H)}$$

$$Q_0^{AB} = \frac{q}{\alpha} \cdot \frac{\cosh(\alpha H) - \cos(\alpha H)}{\sin(\alpha H) + \sinh(\alpha H)} + Q_0^{CD}$$

11.1.3 "桩-土效应"——桩体变形及内力计算

11.1.3.1 桩身附加推力计算

组合抗滑结构在受到滑坡推力后，一部分推力压缩桩间土体，使桩间土体出现变形，并在前排桩桩身上产生附加推力，如图 11-4 所示。附加推力计算过程共分为三步：
① 根据 AB 桩的变形计算出桩周土体的位移增量，主要为其前部土体的位移增量；
② 根据前部土体的位移增量，计算出桩前土体的反力值；

③ 由计算出的反力值再计算出空间内任意点的附加应力。

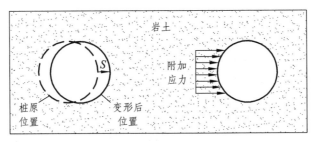

图 11-4　桩间土传递推力示意图

1. 桩前土体的位移增量计算

根据平面刚架假设计算出桩 AB 的位移 y，则由桩体位移引起的桩周土体的位移增量 Δs 为：

$$\Delta s = \begin{cases} \dfrac{\sqrt{r^2 \cdot (1 + \tan^2 \beta) - y^2 \tan^2 \beta} - y^2 \tan^2 \beta}{\cos \beta \cdot (1 + \tan^2 \beta)} + \dfrac{y}{\cos \beta} - r, \ \beta \in \left[0°, \arctan \dfrac{r}{y}\right] \\ \dfrac{y}{\cos \beta} - r, \ \beta \in \left[\arctan \dfrac{r}{y}, 90°\right] \end{cases} \quad (11\text{-}5)$$

式中：r 为桩体的半径；β 为土体计算点与桩中点连线和水平方向的夹角，参考 0（b）。

2. 桩前土的反力计算

计算出桩前土体的变形后，根据考虑位移的朗肯土压力计算公式计算出变形土体所产生的土反力 p 为：

$$p = \left[\dfrac{4 \tan^2 \left(45° + \dfrac{\varphi}{2}\right)}{\dfrac{1 - \sin \varphi'}{1 + e^{\frac{\ln A}{R_a} \Delta s}}} - 4 - \dfrac{4 \tan^2 \left(45° + \dfrac{\varphi}{2}\right)}{\dfrac{1 - \sin \varphi'}{2}} - 8\right] \cdot \dfrac{(1 - \sin \varphi')\gamma(H - z)}{2} \quad (11\text{-}6)$$

$$A = \dfrac{\tan^2 \left(45° + \dfrac{\varphi}{2}\right) - \tan^2 \left(45° - \dfrac{\varphi}{2}\right)}{\tan^2 \left(45° + \dfrac{\varphi}{2}\right) - 2(1 - \sin \varphi') + \tan^2 \left(45° - \dfrac{\varphi}{2}\right)} \quad (11\text{-}7)$$

式中：φ 为土的内摩擦角；φ' 为土体的等效内摩擦角；R_a 为计算点的土体达到主动土压力（桩后）或者被动土压力（桩前）时所需的位移量，可以通过《基坑工程手册》查取；γ 为计算区域土体的重度。

3. 前桩所受附加推力计算

根据 Boussinesq 理论中对半无限空间内部任意一点所产生的应力和位移的假设对

200

前桩所承受的附加推力进行计算。假设桩间土在变形过程中一直处于弹性状态，将 Boussinesq 解应用在桩间土中，即桩前土在承受相应的推力后，在距后桩距离为 l 的前桩后部所产生的附加推力值为：

$$q'(x) = \frac{3pb\Delta h}{2\pi(l\sin\beta)^2} \qquad (11\text{-}8)$$

式中： Δh 为桩身微段的长度。

4. 桩间土对前桩作用力计算

在刚架抵抗滑坡推力的同时，桩排间的土体也会对桩的抗滑效果产生一定的影响，为了安全考虑，仅考虑桩排间土体对前桩的影响。由于前、后排桩的约束作用，桩排之间的土体滑移量相对较小，可视为内部土体仍处于弹性变形阶段，其对前桩土压力可以视为按线性分布的静止土压力。滑体段前排桩后侧任意深度处的土压力的值为：

$$p_0 = k_0\gamma zl\sin\beta \qquad (11\text{-}9)$$

式中： k_0 为静止侧压力系数；其余参数的意义同前述。

11.1.3.2 桩身附加变形及内力计算

由于经土体传递至前排桩上的推力分布情况复杂，故对土体所传递推力导致的前桩变形和内力采用差分法进行计算。将桩由桩底至桩顶离散成 N 段，每个微段的长度为 h ，桩体离散图如图 11-5 所示。

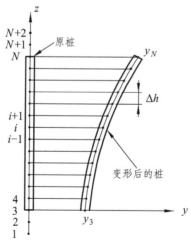

i 为微段的编号； y_1 为第 1 微段的挠度； y_N 为第 N 微段的挠度。

图 11-5 桩体差分示意图

由于桩的挠曲线方程为四阶微分方程，为求解差分方程，须在桩底部和顶部各增加两个虚拟节点，将挠曲线方程在节点 i 处展开为 n（ $n \geqslant 4$ ）级泰勒级数。

$$y = y_i + \frac{\mathrm{d}y}{\mathrm{d}z}(z - z_i) + \frac{1}{2!}\frac{\mathrm{d}^2 y}{\mathrm{d}z^2}(z - z_i)^2 + \cdots + \frac{1}{n!}\frac{\mathrm{d}^n y}{\mathrm{d}z^n}(z - z_i)^n \quad (11\text{-}10)$$

由于 $z_{i-1} = z - \Delta h$，$z_{i-2} = z - 2\Delta h$，$z_{i+2} = z + 2\Delta h$，将 z_{i-1}、z_{i-2}、z_{i+1}、z_{i+2} 代入式（11-10）中，假设 Δh 足够小，略去含 Δh^5 以及更高次项的子项后可得：

$$-\frac{\mathrm{d}^4 y}{\mathrm{d}x^4}\Delta h^4 = 4(y_{i-1} + y_{i+1}) - (y_{i-2} + y_{i+2}) - 6y_i \quad (11\text{-}11)$$

将式（11-11）与弹性地基梁挠曲线微分方程式联立可得差分方程：

$$-\frac{q'(x)\Delta h^4}{EI} = 4(y_{i-1} + y_{i+1}) - (y_{i-2} + y_{i+2}) - \left(6 + \frac{kb\Delta h^4}{EI}\right)y_i \quad (11\text{-}12)$$

考虑桩体顶部和底部均为固定约束，挠度和转角均为 0，即：$y_3 = 0$，$y_2 = y_4$。
令 $i = 1$，可得：

$$\left(7 + \frac{kb\Delta h^4}{EI}\right)y_4 = 4y_5 - y_6 + \frac{q'(x)\Delta h^4}{EI}$$

令 $d_4 = 7 + \dfrac{kb\Delta h^4}{EI}$，$a_4 = 4/d_4$，$b_4 = 1/d_4$，$c_4 = \left(\dfrac{q'(x)\Delta h^4}{EI}\right)/d_4$，

则 $\qquad\qquad y_4 = a_4 y_5 - b_4 y_6 + c_4 \qquad\qquad\qquad\qquad\qquad\qquad (11\text{-}13)$

类似式（11-13）可得：

$$y_i = a_i y_{i+1} - b_i y_{i+2} + c_i \quad (11\text{-}14)$$

$$y_{i-1} = a_{i-1} y_i - b_{i-1} y_{i+1} + c_{i-1} \quad (11\text{-}15)$$

$$y_{i-2} = a_{i-2} y_{i-1} - b_{i-2} y_i + c_{i-2} \quad (11\text{-}16)$$

代入式（11-12）可得：

$$\left(a_{i-2}a_{i-1} - b_{i-2} - 4a_{i-1} + 6 + \frac{kb\Delta h^4}{EI}\right)y_i = 4c_{i+1} + c_{i-2}$$
$$(a_{i-2}b_{i-1} - 4b_{i-1} + 4)y_{i+1} - y_{i+2} + \frac{q'(x)\Delta h^4}{EI} - a_{i-2}c_{i-1} \quad (11\text{-}17)$$

令

$$d_i = a_{i-2}a_{i-1} - b_{i-2} - 4a_{i-1} + 6 + \frac{kb\Delta h^4}{EI} \quad (11\text{-}18)$$

$$a_i = (a_{i-2}b_{i-1} - 4b_{i-1} + 4)/d \quad (11\text{-}19)$$

$$b_i = 4/d_i \qquad (11\text{-}20)$$

$$c_i = \left(\frac{q(x)'\Delta h^4}{EI} - a_{i-2}c_{i-1} - c_{i-2} + 4c_{i-1} \right)/d_i \qquad (11\text{-}21)$$

因为 $y_2 = 0 \cdot y_3 - y_4 + 0$，$y_3 = 0 \cdot y_4 - y_5 + 0$；所以 $a_2 = 0$，$b_2 = -1$，$c_2 = 0$，$a_3 = 0$，$b_3 = 0$，$c_3 = 0$。

根据桩体的差分公式，略去含 Δh^5 以及更高次项的子项后可以求得：

$$M_i = -\frac{EI}{12h^2}[16(y_{i-1} + y_{i+1}) - (y_{i-2} + y_{i+2}) - 30y_i] \qquad (11\text{-}22)$$

式中 y_i 的值已经通过前述公式求出，通过迭代即可求出各个等分点的弯矩值。同理可求出桩体的转角及剪力。

以上计算方法对于多排型桩组成的抗滑结构同样适用，通过后一排桩的挠度计算出该排桩后的土反力，进而计算出作用在前一排桩上的附加应力即可。同时，在进行桩前土体位移增量计算时考虑了待求点与变形方向的夹角，故以上公式同样适用于梅花形或者其他任意形布置的多排桩。

11.1.4　新型抗滑结构的变形及内力计算

前节对多排桩的变形和内力分布情况进行了理论公式的推导，充分考虑了桩间土体对力的传递效果。新型抗滑结构实际上是特殊布置的多排桩，前述的计算方法对于新型抗滑结构仍然适用。鉴于新型抗滑结构构造复杂，为了计算简便，计算时需增加以下几点约定：

① 直接承受滑坡推力的后排桩中，相邻两桩平均分配两桩之间的下滑力；
② 沿着推力方向：推力只在相邻排之间传递，不考虑跨排之间的传递；
③ 垂直推力方向：仅考虑将推力传递至邻近前排桩上。

则结构变形及内力的计算步骤如下：

1. 桩顶推力的分配

当使用刚架假设进行结构的位移计算时，需获得虚拟反力值，即 P 值。由于桩顶连系梁对各桩桩顶的固结作用，各桩桩顶的变形值相同，而在滑面形状为椭圆形时各桩受荷段的长度不同，故桩顶所分配的推力值也必然不同。在总的下滑力一定的情况下，只需求出各桩顶部力的分配比例即可求出各桩顶所分配的 P 值；已知在 "刚架法" 假设中，桩顶部的位移是由顶部为滑动约束的桩体所产生，故该值可以根据一端固定、一端滑动的弹性地基梁模型进行计算。对于一端固定、一端滑动的弹性地基梁在受到推力作用时，其顶部位移 y_t 可表示为：

$$y_t = -M_0 \frac{2\alpha^2}{bk}\phi_3 - Q_0\frac{\alpha}{bk}\phi_4$$

$$= P \cdot \frac{\alpha}{bk} \cdot \frac{\phi_2\phi_4 - 2\phi_3^2}{\phi_1\phi_2 + \phi_3\phi_4} \tag{11-23}$$

式中：ϕ_1、ϕ_2、ϕ_3、ϕ_4 均为关于受荷段长度 H 的函数。即：

$$y_t = P \cdot f(H) \tag{11-24}$$

当土体的参数和桩的直径一定时，$\frac{\alpha}{kb}$ 的值也固定，桩顶的位移值 y_t 仅与 H 值有关。在有桩顶连系梁的情况下，各桩顶部的位移相同，即：

$$y_{(J)t} = y_{(G1)t} = y_{(G2)t} = y_{(G3)t} = y_{(X1)t} = y_{(X2)t} = y_{(X3)t} = y_{(Z)t} \tag{11-25}$$

因此有：

$$P_{(J)}f_{(J)} = P_{(G1)}f_{(G1)} = P_{(G2)}f_{(G2)} = P_{(G3)}f_{(G3)} = P_{(X1)}f_{(X1)} = P_{(X2)}f_{(X2)} = P_{(X3)}f_{(X3)} = P_{(Z)}f_{(Z)} \tag{11-26}$$

式中：括号内的角标代表桩的编号；$y_{(编号)t}$ 表示该编号的桩顶部的位移。

各桩的 $f(H)$ 值可以根据各桩受荷段的桩长进行计算，则由上式可求出各桩桩顶反力值 P 的比值。在已知总推力时，即可求出各桩顶部的虚拟反力。

2. 结构内部推力的传递

抗滑结构内部桩之间附加推力的传递示意图见图 11-6，图中的"虚桩"仅用来传递推力，不计算其对滑坡推力的分配，也不计算该"虚桩"的变形；当计算出"虚桩"位置的土压力后，直接根据 Boussinesq 解将压力向前桩传递。

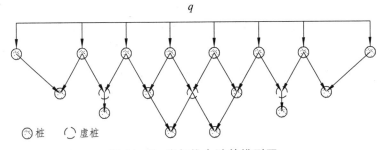

图 11-6　附加推力计算模型图

根据假定，相邻两桩平均分配两桩之间的下滑力，故任意两根后排桩之间的下滑力可以通过对推力分布抛物线进行积分获得，平均分配即可获得后排每根桩所承受的水平推力值，q 的值由水平推力值除以受荷段桩长获得。

依据前述的计算方法对后排桩传递至前排桩的附加推力进行计算，计算时不同围桩的区别在于土体计算点和围桩中点连线与桩排连线的夹角 β，以及两桩之间的距离 l。其中 β 值为定值，l 的值与主控桩间距有关，在抗滑结构设计完成后均可计算获得。

3. 综合计算

由桩顶的推力分配值可以计算出简化为刚架部分的结构的变形及内力；由结构内部推力传递的规律可以计算出前排桩的附加推力，通过有限差分法即可计算出前桩的附加变形；将刚架部分的变形及内力与有限差分法获得的桩的变形及内力叠加即可获得结构中各根桩的变形及内力。

11.2 考虑桩-土效应的理论计算及应用检验

以前述边坡问题为例，简化后其主滑面计算模型如图 11-7 所示。全风化云母石英片岩天然容重为 18.8 kN/m³，饱和容重为 19.4 kN/m³，滑体土黏聚力为 27.4 kPa，内摩擦角为 24.4°，滑带土强度参数据室内试验选取。滑体上部横向宽度为 20 m，主滑面上抗滑桩受荷段长度为 6 m，锚固段长度为 6 m，围桩直径为 0.5 m，主控围桩间距为 $4d$，根据前述加权计算方法可得抗滑结构的抗弯刚度为 1.17×10^8 kN·m²。土体为硬塑取 $k = 10\ 000$。

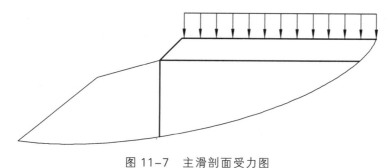

图 11-7 主滑剖面受力图

11.2.1 路基边坡下滑力计算

对于路基边坡，计算时将列车荷载及轨道自重换算为一定高度的土柱。依据传递系数法，计算出的主滑面下滑力 $T_{max} = 633.18$ kN/m，前部抗力的大小为 168.3 kN/m。考虑蠕滑体的空间三维形态，得到主滑剖面下滑力后，任意剖面的下滑力可以根据椭球形假设计算获得。

11.2.2 计算结果分析

为了叙述方便，将采用刚架法计算出的桩身变形定义为"理论计算（未修正）"，简称"未修正"；将考虑桩间土传力效果后叠加计算出的桩身变形定义为"理论计算（修正）"，简称"修正"。

11.2.2.1 相关分布力计算

在采用刚架法进行计算时，需要确定两部分力的分布情况：一部分是简化为一端固定、一端滑动约束梁的桩顶虚拟反力值 P，另一部分是后排桩的桩身分布荷载的值 q。计算结果如下：

1. 桩顶虚拟反力值

根据桩顶位移相等的原则，对采用刚架法计算时各桩顶部的虚拟反力 P 进行计算。首先根据各围桩受荷段的长度计算出 $f(H)$ 值，采用公式（11-26）计算出各桩顶部虚拟反力的比值；由于总的推力已知，根据各桩虚拟反力的比值可以计算出虚拟反力值。计算出的各桩顶部的虚拟反力值见表 11-1。鉴于结构的对称性，表中仅列出 8 根桩的计算结果。

表 11-1 虚拟反力分配表

桩号	J	X1	X2	X3	Z	G1	G2	G3
$f(H)$	0.7346	0.9927	0.9886	0.972	0.9915	0.9927	0.9834	0.9458
P/kN	338.04	250.16	251.20	255.49	250.46	250.16	252.54	262.55

由有 11-1 可知：桩顶部虚拟反力的值与桩长度呈负相关，桩长度越大，桩顶分配值越小；反之，桩长越短，要产生相同的顶部位移就需要在桩顶作用越大的力。J 桩顶部的虚拟反力最大，其值为 338.04 kN；X1 桩和 G1 桩由于受荷段长度相同，桩顶部的虚拟反力值相同，两桩顶部的虚拟反力最小，其值为 250.16 kN；其余各桩顶部的虚拟反力介于二者之间。

2. 桩身分布荷载的计算

在抗滑结构发挥作用的过程中，仅有后排桩直接承受滑坡推力的作用。根据前述假定，两根桩之间的推力由两根桩均匀分担，计算出的后排桩桩身分配的分布荷载值见表 11-2。结构中直接承受滑坡推力的桩有 8 根，鉴于结构的对称性，表中只列出 4 根桩上的分布荷载的值。

表 11-2 桩身荷载分配表

桩号	J	X1	X2	X3
Q/kN	777.75	1 236.81	1 135.5	1 071.13

表 11-2 中所列的是每根桩桩身承受的分布力的总值。由表可知，各桩所承受的荷载的值基本上呈现出由中部向侧面逐渐减小的趋势，符合推力荷载呈抛物线形的假设。

11.2.2.2　桩体位移计算结果

1．"未修正"计算结果

图 11-8 是采用刚架法计算出的各桩桩身的位移分布图。由图可知，各桩顶部的位移值均相同，符合结构顶部位移相同的假设，结构顶部的位移值为 7.79 mm。

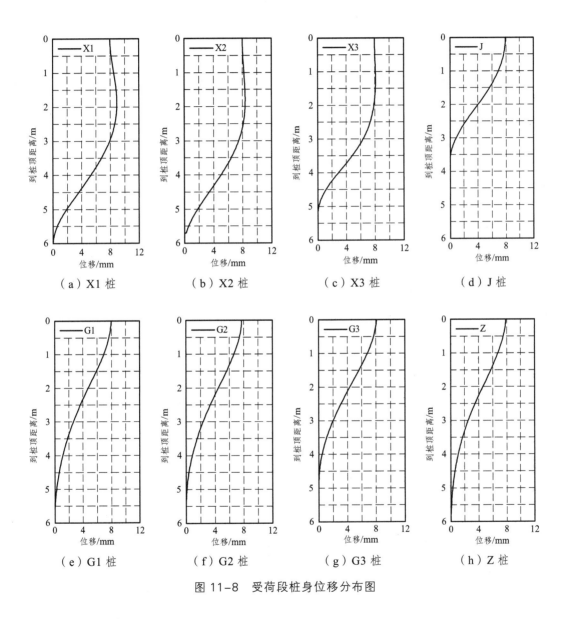

图 11-8　受荷段桩身位移分布图

图（a）～图（d）是直接承受滑坡推力的 4 根桩的桩身位移分布情况，其变形趋势与数值分析结果基本相同。其中：X1～X3 桩的最大位移均位于桩顶以下一定距离处，且由中部向侧面桩身位移最大值出现的位置逐渐上升；其余桩的桩身最大位移均出现在桩顶处。

图（e）～图（h）属于前排桩范畴，本步计算不直接承受滑坡推力作用，仅承受桩顶部的集中力作用。由图可知，各桩的变形趋势基本相同，桩身的最大位移均出现在桩的顶部，上部区域桩身位移值变化幅度较大，下部区域桩身位移变化幅度较小。

2. "修正"计算结果

采用上节所提的计算方法，考虑桩间土体对推力的传递效果，对前排的桩进行桩身位移的修正。计算结果见图 11-9，由图可知：

（1）考虑桩-土效应后，前排桩桩身的位移有明显的增大，各桩的变形趋势与后排桩接近，变形趋势更趋于合理，证明前述计算方法正确，对新型抗滑结构适用。

（2）考虑桩-土效应后，G1 桩最大位移增幅为 1.8 mm，G2 桩最大位移增幅为 1.93 mm，G3 桩最大位移增幅为 2.13 mm，Z 桩最大位移增幅为 2.25 mm。对桩身位移增幅影响最大的因素为到后排围桩的距离，桩体位置越靠后，桩间土对其影响越大，反之越小；其次为桩体所处位置到结构中心的横向距离，在桩体位置到后排桩距离相同的情况下，靠近结构中心的桩体受到桩间土的影响大于靠边侧的桩体。

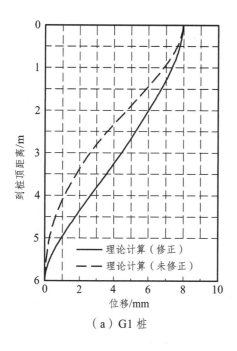

（a）G1 桩

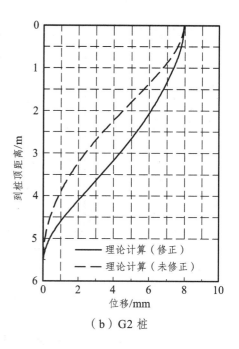

（b）G2 桩

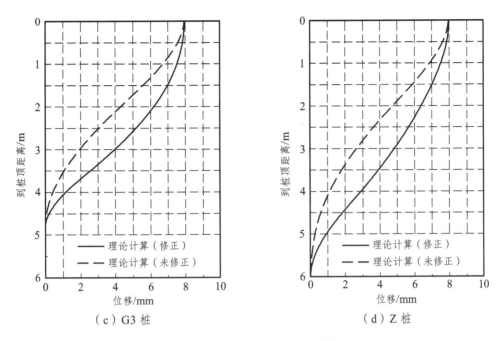

（c）G3 桩　　　　　　　　　　　（d）Z 桩

图 11-9　考虑桩间土作用后桩身位移图

11.2.2.3　桩体弯矩计算结果

1. "未修正"计算结果

图 11-10 是采用刚架法计算出的各桩桩身的弯矩分布图。

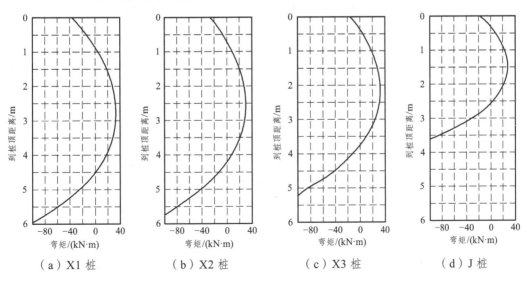

（a）X1 桩　　　　（b）X2 桩　　　　（c）X3 桩　　　　（d）J 桩

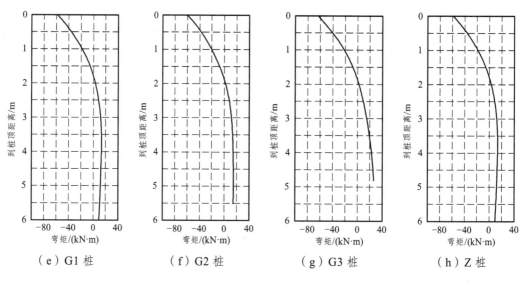

| （e）G1 桩 | （f）G2 桩 | （g）G3 桩 | （h）Z 桩 |

图 11-10　受荷段桩身弯矩图

由图可知：X1～X3 桩和 J 桩的桩身弯矩分布趋势较为相似，弯矩最大值均出现在滑面处，顶部受到连系梁的约束，其弯矩值不为 0，该计算结果与实际较为相符。G1～G3 桩和 Z 桩的弯矩分布情况相似，最大弯矩值均出现在桩顶处。实际上，抗滑桩在承受滑坡推力作用时，桩身的最大弯矩值一般都会出现在滑面附近，"未修正"的计算结果与实际有一定的差距，计算出的滑面处桩身弯矩值偏小。

2. "修正"计算结果

与对位移的修正一样，同样仅对前排围桩的桩身弯矩值进行修正，修正后桩身弯矩分布情况见图 11-11。由图可知：

（1）考虑桩-土效应后桩身的弯矩分布变化明显，桩身弯矩最大值均出现在滑面处，且桩顶弯矩值的正负号发生了变化，可见桩间土的作用对桩身内力分布的影响明显。

（2）将修正后的桩身弯矩图与后排桩的弯矩分布情况对比分析可知，靠近滑面处的桩身的弯矩分布情况基本相似，在桩顶附近后排桩与前排桩的桩身弯矩出现较大变化，后排桩桩顶弯矩值为负值，前排桩的桩顶弯矩值为正值，其主要原因为连系梁的约束效应。连系梁的存在对后排桩形成了向后推力，同时对前排桩产生了向前推力。

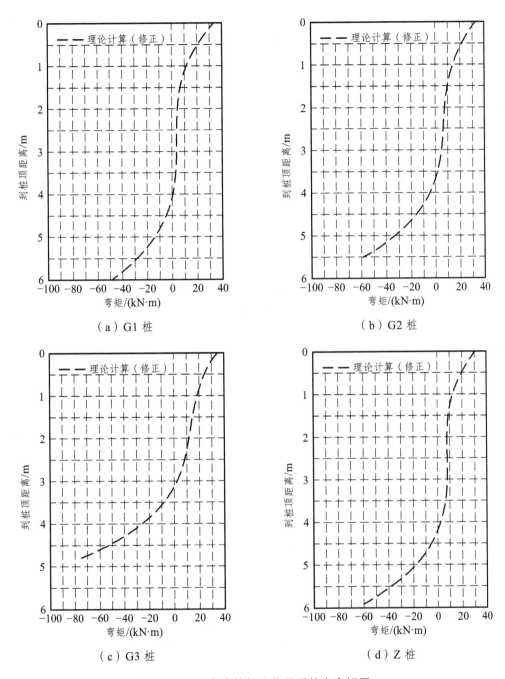

（a）G1 桩

（b）G2 桩

（c）G3 桩

（d）Z 桩

图 11-11 考虑桩间土作用后桩身弯矩图

11.2.3 数值模拟验证

采用上述方法可得出椭球形下滑体作用下各桩的变形和弯矩分布情况；但对于理论计算结果的合理性需要做进一步的对比验证，目前采用的验证方法主要有数值分析、模型试验和现场监测。数值分析对于岩土工程中的复杂结构有较大的优越性，这里将理论计算结果与数值分析结果进行对比并进行检验。

考虑滑体的三维形状，数值分析模型如图 11-12 所示。抗滑结构布置在路基锥坡前部，抗滑围桩与土之间设置接触。滑体最大宽度为 20 m，最大深度为 6 m。滑面为预设滑面，加载方式为静力加载，在路基面上施加均布压力。约束底部和四个侧面的法向位移。

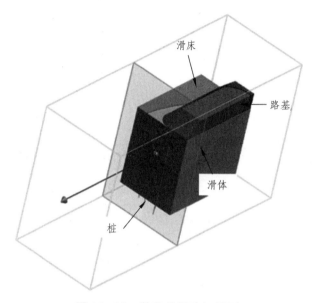

图 11-12　数值分析验证模型

本抗滑结构中各桩的位置和受力特征均不同，需对结构中 8 根围桩的变形情况分别进行对比分析。由于理论分析中假设桩体在滑面处为固定状态，故仅对受荷段的变形及内力分布进行分析。

11.2.3.1　位移计算结果对比分析

1. 后排桩变形计算结果对比

图 11-13 是后排桩的变形计算结果对比图，X1 ~ X3 桩和 J 桩在进行理论计算时仅采用了刚架法。将理论计算所得的结果与数值计算结果对比，结果如下。

（1）对于 X1 ~ X3 桩：

① 在桩顶处，理论计算所得的变形小于数值计算的结果，但结果较为接近。

② 在桩底处，理论计算的结果小于数值分析结果。其原因为：理论分析假设桩底处为固定端，桩体的变形为零；而数值分析中滑面附近的桩体由滑床土体锚固，会有一定的变形。

③ 中部区域，理论计算的结果均大于数值分析的结果。其主要原因为：在进行理论计算时假设的桩身分布荷载形式为矩形，导致桩身中上半部承受了相对较大的推力，

造成该段桩体理论计算出的变形结果偏大；实际上一般桩身分布荷载的形式为梯形，采用梯形分布荷载假设将会得到较为接近的计算结果。

（2）对于 J 桩：

J 桩理论计算出的变形结果与数值分析结果较为接近，由桩顶向下，理论计算出的结果逐渐小于数值分析的结果。其原因为数值计算中滑床土体未对滑面处桩体绝对固定。

整体来看，两种计算方法计算出的桩体变形趋势接近，桩的变形值也较为接近，可以将该理论分析方法应用于新型抗滑结构后排桩的变形计算中。

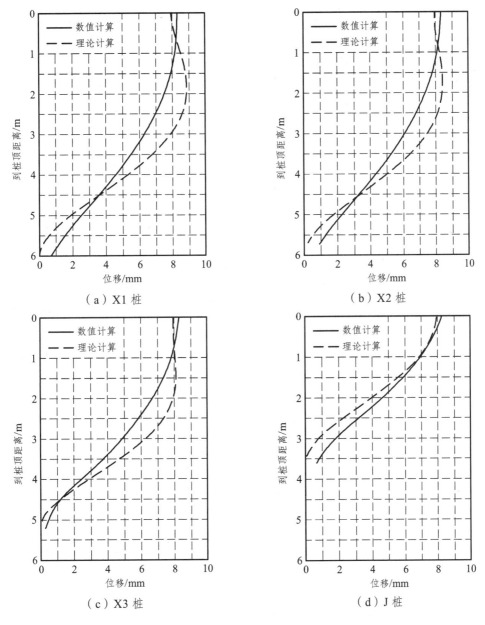

（a）X1 桩　　　　　　　　　　（b）X2 桩

（c）X3 桩　　　　　　　　　　（d）J 桩

图 11-13　桩身位移计算结果对比图

2. 前排桩变形计算结果对比

图 11-14 是前排桩的变形计算结果对比图。G1～G3 桩和 Z 桩在进行理论计算时涉及了两部分的变形，所以除采用"刚架法"对桩身的变形情况进行计算外，还考虑了桩间土体对力的传递效果。

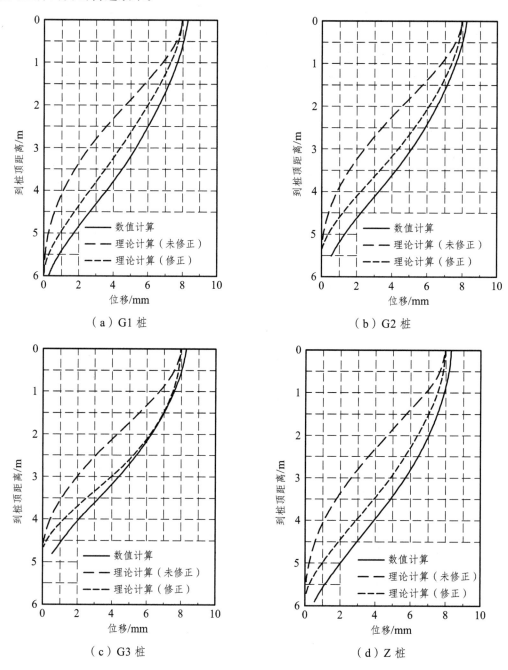

（a）G1 桩

（b）G2 桩

（c）G3 桩

（d）Z 桩

图 11-14　桩身位移计算结果对比图

由图 11-14 可知：采用"未修正"计算方法得到的桩身变形除顶部外，桩身位移整体偏小，与数值计算出的结果偏差较大；考虑桩间土体传递推力作用，对"未修正"的计算结果进行修正后，计算结果得到了较大的改善，桩身变形情况与数值计算所得结果接近，表明在进行理论计算时需考虑桩间土对荷载的传递效果。总的来看，"修正"后的计算结果仍然小于数值计算结果，其原因可能为理论计算时未考虑桩间土被压缩后弹性模量增大，导致计算出的附加推力值相对较小。

11.2.3.2 桩身弯矩计算结果对比分析

1. 后排桩弯矩计算结果对比

图 11-15 为理论分析和数值分析得出的后排围桩的桩身弯矩对比图。由于数值分析得到的桩身弯矩为梁单元弯矩，梁单元本身有一定的长度，单元两端的弯矩值略有差异，导致数值分析得到的桩身弯矩分布曲线略不平滑。

由图可知，采用理论计算方法与数值计算方法所得的桩身弯矩的分布情况较吻合，表明对于后排围桩仅需采用"刚架法"可计算出较好的弯矩分布结果。详细结果如下：

（1）理论计算与数值分析结果相差较大的区域为桩顶附近，理论计算所得的桩顶弯矩值明显大于数值分析所得的结果，这与在理论计算中假定桩顶完全固结有一定的关系，实际上弹性的连系梁在受力后会发生一定的变形，使桩顶部的弯矩值下降。

（2）X3 桩理论计算的弯矩整体大于数值计算结果，其原因为 X3 桩与 J 桩的间距较大，将两桩间的土压力平均分配至两桩时可能导致 X3 桩分配的土压力略大。

总之，除 X3 桩外其余各桩采用两种方法所得桩身最大弯矩值均较为接近，即采用该理论计算方法算出的结果能够反映桩身弯矩的分布趋势，采用该计算方法是可行的。

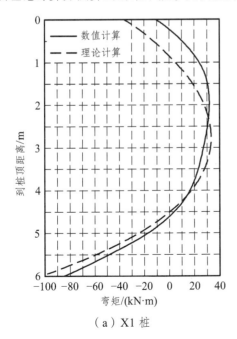

（a）X1 桩

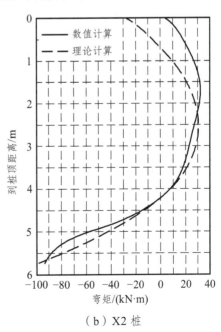

（b）X2 桩

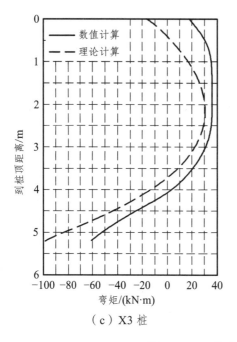
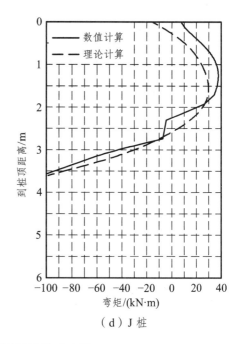

（c）X3 桩 　　　　　　　　　　　　（d）J 桩

图 11-15　桩身弯矩计算结果对比图

2. 前排桩弯矩计算结果对比

图 11-16 是采用不同计算方法获得的前排桩的桩身弯矩分布情况。由图可知：

（1）采用"未修正"的理论计算方法计算所得的桩身弯矩分布情况与数值计算结果相差非常大，无论是桩身最大弯矩出现的位置还是桩身弯矩的分布形式均与数值计算结果不同，表明采用"未修正"理论计算方法（刚架法）在对前排桩进行计算时难以获得准确的计算结果。

（2）"修正"后的理论计算结果与数值计算结果较为匹配，最大弯矩值的出现位置均在滑面处，且计算值较为接近，可以采用"修正"后的计算方法对该抗滑结构进行内力计算。

（3）修正后的 G3 桩和 Z 桩理论计算结果较 G1 桩和 G2 桩准确，主要原因为 G3 桩和 Z 桩距离后排桩较近，对桩间土的力传递效果计算较为准确，其他距后排桩较远的桩的桩身弯矩理论计算值准确性相对差些。可见在对更多排桩进行计算时应对桩间土的传力效果做进一步的修正；

总之，对于前排桩，"未修正"的计算结果是不可用的；"修正"后的计算结果与数值分析结果虽然在计算 G1 桩的桩身弯矩时有一定误差，但仍可较为准确地计算出该桩的最大弯矩值。故在进行实际工程应用时，采用"修正"后的计算方法进行内力计算是可行的。

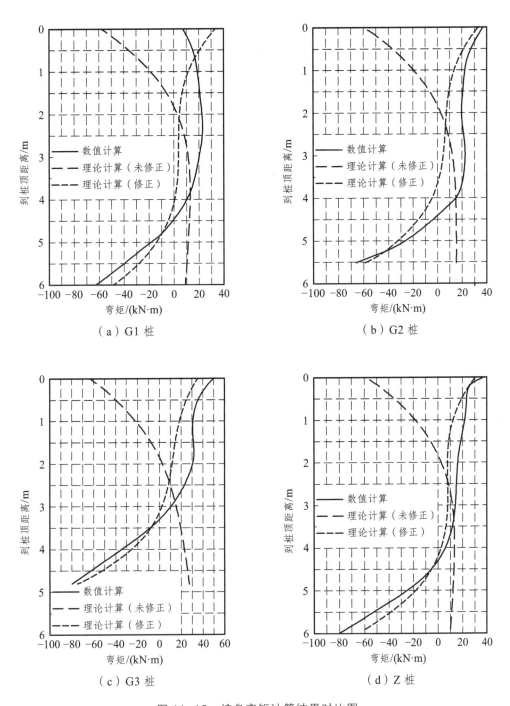

（a）G1 桩

（b）G2 桩

（c）G3 桩

（d）Z 桩

图 11-16　桩身弯矩计算结果对比图

11.3　动荷载作用下路基加固效果分析

高速铁路路基作为无砟轨道结构的基础，在循环列车荷载作用下是否长期稳定是对加固效果的最好检验。为了检验新型抗滑结构的加固效果，针对前述病害路基采用"拱弦式耦合抗滑结构"加固效果开展动力数值分析。

11.3.1　动力分析模型建立

11.3.1.1　几何模型与计算参数的选取

新型抗滑结构置于过渡段路基的前端、桥台锥坡的前部，由于桥台和桥台桩基础的影响，中部区域无法布置锚索，但新型抗滑结构通过桩顶连系梁固结，可在两侧布置锚索。抗滑结构围桩直径 0.5 m，长 12 m，共布置抗滑桩 16 根，桩顶采用连系梁进行固结，整个结构的宽度为 16 m。数值计算中采用的岩土体的材料参数见表 8-1，软化土体的参数根据室内土工试验结果选取，基床表层、底层和过渡段填料参数根据规范和文献[122、123]选取。

考虑过渡段山体坡面的实际情况，采用 MIDAS NX 仿真软件建立数值分析模型，见图 11-17。土体和过渡段填料、基床底层和路基采用莫尔-库仑本构模型，基床表层、抗滑结构采用弹性本构模型。土体采用实体单元进行模拟，抗滑桩和连系梁采用梁单元模拟，锚索采用植入式桁架模拟。

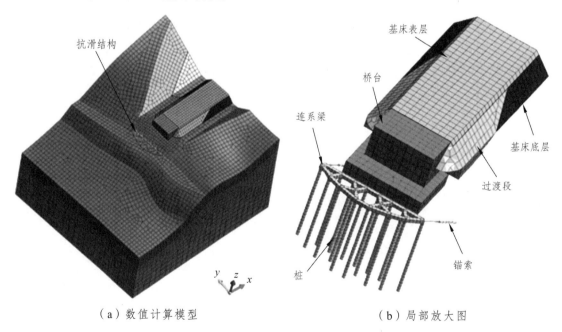

（a）数值计算模型　　　　　　　　　　（b）局部放大图

图 11-17　数值分析模型

桩与土之间分段设置接触桩界面单元，主要考虑桩与滑体、滑带和滑床之间的接

218

触。对桩-土之间接触模拟需设置最终剪力、剪切刚度模量 k_s 和法向刚度模量 k_n，其中最终剪力采用桩周土体的极限摩擦力除以桩周长取值，剪切刚度模量 k_s 和法向刚度模量 k_n 则根据接触土体的弹性模量进行选取。剪切刚度模量 k_s 和法向刚度模量 k_n 采用下列公式计算：

$$k_n = \frac{E_{\text{oed},i}}{t_v} \tag{11-27}$$

$$k_s = \frac{G_i}{t_v} \tag{11-28}$$

其中：$E_{\text{oed},i} = \dfrac{2G_i(1-\mu_i)}{1-2\mu_i}$，$\mu_i$ 为界面的泊松比，取值为 0.45；t_v 为虚拟厚度系数；$G_i = RG_{\text{soil}}$，R 为强度折减系数。

$$G_{\text{soil}} = \frac{E}{2(1+\mu_{\text{soil}})} \tag{11-29}$$

11.3.1.2 动力边界条件

这里所涉及的动荷载主要为高速铁路列车荷载。在动力分析中，为了避免列车振动荷载在边界处反射而使计算结果失真，考虑对散射波的吸收和地基土的弹性恢复能力，在边界上施加 Lysmer 和 Wass 提出的黏性人工边界。在 MIDAS NX 计算软件中，可以通过"地面弹簧"的方式生成黏性边界，黏性边界在 x、y、z 方向上的阻尼比采用以下公式计算：

P 波：

$$C_P = \rho A \sqrt{\frac{\lambda + 2G}{\rho}} = \gamma A \sqrt{\frac{\lambda + 2G}{\gamma g}} = c_P A \tag{11-30}$$

S 波：

$$C_S = \rho A \sqrt{\frac{\lambda + 2G}{\rho}} = \gamma A \sqrt{\frac{\lambda + 2G}{\gamma g}} = c_S A \tag{11-31}$$

其中：

$$\lambda = \frac{\mu E}{(1+\mu)(1-2\nu)} \qquad G = \frac{E}{2(1+\nu)} \tag{11-32}$$

式中：C_P 为压缩波 P 波的阻尼；C_S 为剪切波 S 波的阻尼；c_P 为压缩波 P 波单位面积的阻尼；c_S 为剪切波 S 波单位面积的阻尼；λ 为体积弹性系数；G 为剪切弹性系数；μ 为泊松比；ρ 为土体的密度；g 为重力加速度；A 为截面积；ν 为动泊松比。

11.3.1.3 列车荷载的施加

对列车荷载进行模拟一般采用两种外部激励方式施加：一种是在轨道固定点上施加脉冲荷载或者简谐荷载；另一种是在轨道上施加移动荷载，该移动荷载由一系列的有规律分布的集中荷载组成，可以模拟列车动荷载在时间和空间上的变化。这里以CRH380A 型动车组为例，通过已有文献调研[122]，动车组为 6 M+2T 的基本编组模式，最大轴重为 170 kN，转向架定距为 2.5 m，同节车厢转向架中心间距 17.5 m，前后车厢相邻转向架轴距约为 6.076 m，列车全长为 203 m。加载采用实际列车车辆的轴重及轴间距，设置实际的时间-力函数值，模拟列车动荷载在时间和空间上的变化。

将列车的设计参数输入数值软件的"列车动力荷载表"中，软件会根据输入的集中力大小、间距和速度在相应分析区域生成移动荷载。移动的列车动力荷载模型假设移动列车在短时间内经过模型的每个节点时，冲击荷载施加到节点上，并且将这种冲击荷载概化为三角形。采用此法生成速度为 300 km/h 的钢轨上任一点的轮轨力时程曲线，见图 11-18。

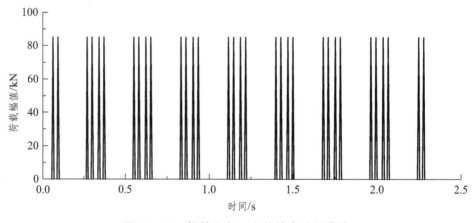

图 11-18 钢轨上任一点轮轨力时程曲线

11.3.1.4 计算方法及步骤

前述蠕滑病害是由于降雨入渗导致地基土承载力不足，在列车荷载作用下发生过大变形，所以在进行路基长期沉降计算时需考虑土体强度弱化和动荷载两方面的因素。故进行动力计算时，需要根据前述降雨入渗计算结果对饱和区域土体赋予土体强度弱化参数，然后再施加循环的动力荷载作用。

非线性时程分析的步骤为：① 激活各地层和路基及桥台结构，计算自重应力平衡，并使位移清零；② 施工抗滑结构，施加列车动荷载，计算路基的动应力、动变形等。

11.3.2 动荷载作用下路基瞬态响应分析

11.3.2.1 特征值分析

在时程分析之前需要对模型做特征值分析（即自由振动分析），通过自由振动分析可以获得整个模型的固有模态、固有周期和振型参与系数等。特征值分析获得的第一阶和第二阶振型的周期将在进行时程分析时用于计算阻尼矩阵。

在特征值分析时将点的条件定义为弹簧边界，根据铁路设计规范的地反力系数计算弹簧边界值。垂直于地面和沿着地面的反力系数分别为：

$$k_{\mathrm{v}} = k_{\mathrm{v}0} \cdot \left(\frac{B_{\mathrm{v}}}{30} \right)^{-3/4} , \quad k_{\mathrm{h}} = k_{\mathrm{h}0} \cdot \left(\frac{B_{\mathrm{h}}}{30} \right)^{-3/4} \tag{11-33}$$

式中，$k_{\mathrm{v}0} = \dfrac{1}{30} \cdot \alpha \cdot E_0 = k_{\mathrm{h}0}$，$B_{\mathrm{v}} = \sqrt{A_{\mathrm{v}}}$，$B_{\mathrm{h}} = \sqrt{A_{\mathrm{h}}}$。

A_{h} 和 A_{v} 是水平和垂直方向的横截面积；E_0 是地面弹性系数值；α 值一般取 1.0。

根据上述方法计算出第一阶振型周期 $T_1 = 0.659\,471\,\mathrm{s}$，第二阶振型周期 $T_2 = 0.650\,793\,\mathrm{s}$，模型典型振型图如图 11-19。

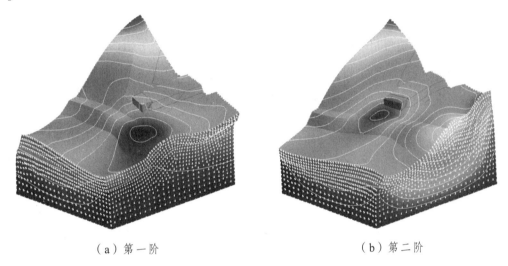

（a）第一阶   （b）第二阶

图 11-19　模型典型振型图

11.3.2.2　时程分析

1. 竖向动位移分析

以通过列车过程中路基面竖向动位移的变化情况为例，在列车通过过渡段路基时最大动位移出现在路基面上，最大动位移点到桥台台背的纵向距离为 13 m。提取该断面路基中心点处的动位移时程曲线见图 11-20。

由图可知：动位移峰值出现位置与列车通过时间对应，第一个位移峰值出现在 0.21 s 时，此时仅有列车头部一个转向架作用，峰值相对较小；随后每隔 0.24 s 出现一个动位移峰值，该峰值受到相邻两个转向架的影响，峰值相对较大。路基面最大位移峰值为 0.74 mm，最大动位移值为 0.47 mm，列车通过后，动位移值恢复至 0。路基面动位移峰值未超出客运专线容许值 3.5 mm 的要求。

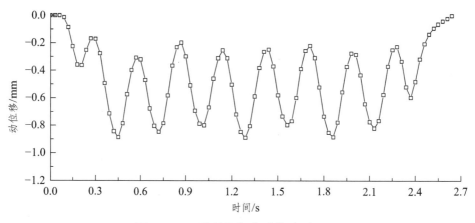

图 11-20　路基面竖向动位移时程图

2. 动应力分析

仍以到桥台台背纵向距离为 13 m 处的路基面中心点作为分析参考点，图 11-21 是列车通过时参考点的动应变力变化情况。由图可知，动应力峰值出现时间与轮载通过时间对应，列车通过后该点的动应力恢复至 0，最大动应力值为 45.97 kPa，为压应力，最小动应力值为 11.4 kPa，为拉应力。加固后路基的动应力极值小于 Rheda 系统无砟轨道路基结构长期动承载力允许值 50 kPa。

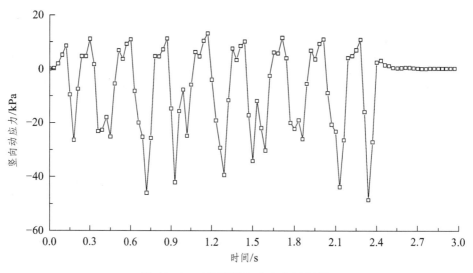

图 11-21　路基竖向动应力时程图

3. 动偏应力分布

由列车循环荷载作用的时程分析可知，根据计算点第一、第二、第三主应力，结合动偏应力公式可以得到各土层计算点的动偏应力，见图 11-22。由图可知，在列车动荷载作用下，土体中动偏应力与深度呈非线性关系，路基面处的动偏应力最大，其值为 16.42 kPa；随着深度的增加，动偏应力值变小。

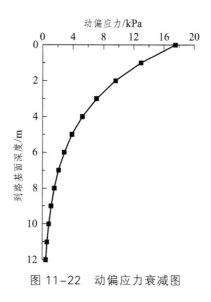

图 11-22 动偏应力衰减图

11.3.3　动荷载作用下路基长期变形分析

11.3.3.1　计算参数的确定

针对基床表层和底层填料的材料参数值已有较多文献[124-126]进行过研究；本书对全风化云母石英片岩开展室内动三轴试验，取样直径 50 mm，高度 100 mm，以获得土体在循环荷载作用下的应变曲线。

试验采用空心扭剪仪对土体动参数进行试验，所得土体累积塑性应变与动载作用次数的关系，见图 11-23。由图可知，累积应变随动载作用次数的增加逐渐增加，其增幅逐渐减小，当达到一定振次后累积塑性应变值基本趋于稳定。在加载过程中，饱和土体的累积应变值增速较天然状态土体快；振动 10 000 次时天然状态土体的累积应变基本趋于稳定，饱和状态土体的累积应变值仍有较明显的增大。

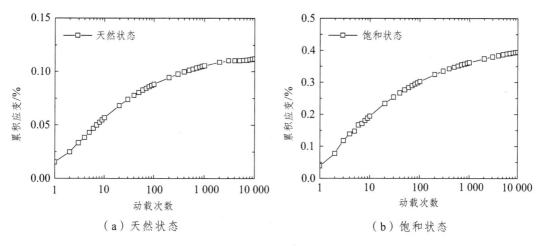

（a）天然状态　　　　　　　　　　　　（b）饱和状态

图 11-23 累积应变随动载次数变化图

根据图 11-23 累积应变曲线对全风化云母石英片岩材料参数值 α、b、m 进行拟合，拟合土体软化后对应的三个参数值分别为 0.63、2.98 和 0.13。

目前动三轴试验时对列车荷载的模拟主要采用正弦波、半正弦波和实测的类正弦波。根据黄博等[126]的研究结果，采用频率为 1 Hz 的半正弦波可以较好地模拟作用在路基面上的荷载。试验围压的取值根据现场土体埋深确定为 50 kPa。

11.3.3.2　计算结果分析

1. 典型断面累积沉降量分析

根据前述的计算模型取典型分析点所在断面，见图 11-24。采用分层总和法对路基及路基下部土体的沉降值进行计算，每层厚度取 0.1 m，地基的计算深度取至路基下部 2 m。通过官方网站上数据调研，该路段每天通过 82 趟列车，约每 10 min 通过一辆高速列车，每辆列车有 8 节车厢，每节车厢作用两次（1 个转向架作用一次），每天轮载作用的次数为 $82 \times 16 = 1\,312$ 次，每年轮载作用的次数为 478 880 次。

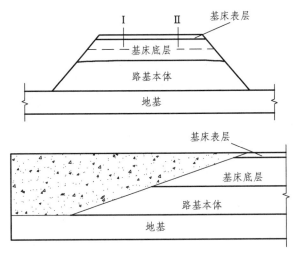

图 11-24　路基结构层分布情况

运营 7 年时各结构层和路基面累积沉降随振动次数的变化见图 11-25。由图 11-25 可知，在动载作用次数为 200 万次时，路基总沉降值为 3.23 mm 小于规范所要求的 5.0 mm；即使作用次数为 360 万次时，路基面的沉降值为 3.66 mm，仍然小于规范所要求的 5.0 mm。此时基床表层的累积变形值为 0.20 mm，基床底层的累积变形值为 0.31 mm，路基本体的累积变形值为 0.68 mm，地基的累积变形值为 2.46 mm。地基土的变形占总变形值的 67.2%，湿化作用所导致的地基土强度降低对路基总的沉降值影响较大。

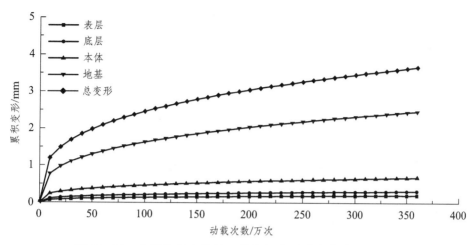

图 11-25 各结构层和路基面的累积变形随动载次数变化图

2. 过渡段路基的沉降分析

过渡段路基最大高度为 5 m，其中基床表层的厚度为 0.4 m，材料为掺和 3%水泥的级配碎石；基床底层的厚度为 2.3 m，基床底层采用 A、B 组填料，其压实系数为 0.95，填料的厚度为 0 ~ 2.3 m；路基本体的压实系数为 0.92，其厚度为 0 ~ 2.7 m；采用前述计算方法对过渡段纵向多点的变形进行预测，预测结果见表 11-3。

表 11-3 长期荷载作用下过渡段路基累积变形

到桥台的距离/m	5	8	11	14	17	20
过渡段梯形高度/m	5	4	3	2	1	0
基床底层高度/m	0	0	0	0.3	1.3	2.3
路基本体高度/m	0	1	2	2.7	2.7	2.7
累积变形/mm	3.54	3.60	3.63	3.66	3.70	3.75

根据我国现有的高速铁路设计规范，无砟轨道路基工后沉降应满足扣件调整能力和线路圆顺的要求。工后沉降不宜超过 15 mm；沉降比较均匀并且调整轨面高程后的竖曲线半径满足 $R_{sh} \geqslant 0.4v_{sj}^2$（$R_{sh}$ 单位为 m，v_{sj} 单位为 km/h）要求时，允许的工后沉降值为 30 mm。路基与桥梁、隧道或者横向结构物交界处的差异沉降不应超过 5 mm，不均匀沉降导致的折角不应大于 1/1 000。

在采用加锚索抗滑结构进行加固后，沉降值未超过 5 mm，过渡段路基的沉降满足现有规范的要求。

225

11.3.4 不同加固条件下路基的动力特性分析

为了探究未加固工况和不同加固工况下路基的变形特性，本节设置 4 种工况进行路基的变形计算。各工况分别为：① 未软化未加固状态；② 软化状态；③ 软化+新型抗滑结构；④ 软化+锚索新型抗滑结构。其中，第 4 种工况为前节所研究的工况。

计算所得的运营 7 年时 4 种工况下路基面累积沉降随振动次数的变化见图 11-26。

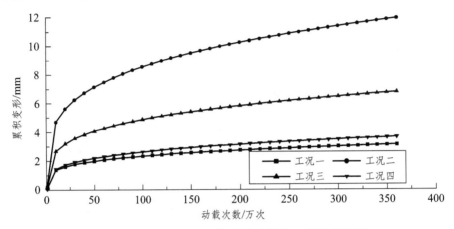

图 11-26　路基面累积变形随动载作用次数变化图

由图 11-26 可知：

（1）沉降主要发生在荷载作用的前期，在加载 10 万次时各种工况下路基面的累积沉降值分别为天然状态 1.36 mm、软化状态 4.70 mm、普通支护状态 2.68 mm、锚索支护状态 1.43 mm，分别占总沉降值的比例为 43.7%、39.36%、39.4%和 39.2%；软化后的土体后期仍会产生较大的变形值，必须采用一定的抗滑加固措施。

（2）当高铁荷载作用 360 万次时工况一～工况四路基面的累积沉降值分别为 3.13 mm、11.94 mm、6.80 mm、3.66 mm；在土体湿化后路基的累积沉降明显增大，采用普通支护方式时路基沉降值略大于规范要求值，采用锚索+新型抗滑结构的支护方式进行支护可以满足规范要求。

11.4　本章小结

本章采用理论分析的手段对列车荷载作用下结构的抗弯性能、结构变形及内力的计算方法进行了探讨，提出了考虑桩-土效应的结构计算方法，并将提出的计算方法运用至工程实例中，采用数值分析的手段对理论计算方法的准确性进行了验证。主要结论如下：

（1）对于抗滑结构中各桩的变形及内力的计算可采用考虑桩-土效应的理论计算方法进行计算。首先对结构加设三根 "虚桩"，将结构转化为规则的多排桩形式；然后考虑桩间土推力对前排桩变形和内力进行修正,将抗滑结构各桩的计算分为"刚架法"计算部分和"桩-土效应"计算部分。

① "刚架法"计算部分。

桩顶部的虚拟反力 P 采用等桩顶位移原则进行分配,后排桩桩身的分布荷载则根据积分计算所得的两桩之间的下滑力平均分配至邻近两桩,再采用弹性地基梁分析模型计算出桩身的变形和内力。后排(X1~X3、J)桩直接采用该计算结果作为最终计算结果。

② "桩-土效应"计算部分。

对于前排桩(G1~G3、Z)的计算需考虑桩间土对推力的传递效果。首先根据后排桩的位移计算出桩前土体的变形,然后采用考虑位移的朗肯土压力计算方法计算出桩周土体的变形量,并进一步求出桩周土的反力,再采用 Boussinesq 理论计算出由桩周土反力引起的相邻的前部桩桩身的附加推力,将该附加力与静止土压力联合作用至前部桩,求出桩体的附加变形和内力。

将"刚架法"和"桩-土效应"两部分计算出的结果叠加可计算出前排桩的变形和内力。

(2)理论计算结果和数值分析计算结果对比表明:后排(X1~X3、J)桩的变形和内力可以直接采用"刚架法"计算的结果;前排(G1~G3、Z)桩变形和内力则需增加考虑桩-土效应对计算结果的修正。

(3)以现场工程为依托,建立了列车荷载作用下的路基动态响应分析模型,利用该模型分析了不同加固工况下路基的动态响应,并据计算结果采用经验拟合模型 Li 模型对路基的长期变形进行预测,取得了以下主要结论:

① 采用施加锚索的新型抗滑结构对路基进行加固时,数值模拟算出的动荷载作用 200 万次时路基面的最大累积沉降值为 3.23 mm,其变形值满足过渡段路基差异沉降的要求;可以采用该形式的抗滑结构对本路基进行加固。

② 沉降主要发生在荷载作用的前期,加载 10 万次时 4 种工况路基面的累积沉降值分别占总沉降值的比例为 43.7%、39.36%、39.4%和 39.2%。

第 12 章 结 论

12.1 主要结论

以高速铁路路基蠕滑工点为背景，通过现场调研和数值模拟探讨了蠕滑机理和蠕滑体空间特征，在此基础上提出治理高铁路基蠕滑的"拱弦式耦合抗滑结构"；通过模型试验和数值分析揭示了新型结构的耦合机理及优化设计参数，提出了考虑桩-土效应的理论计算方法并进行了有效性检验。主要成果和认识如下：

（1）高铁路基蠕滑机理是持续强降雨使路基下部的全风化岩长时间饱和，造成路基下部一定深度内土体强度湿化衰减，加之列车荷载作用下使路基发生沉陷变形，并向土体抗力较小的坡前方向蠕动，致使后部路基拉裂、前部桥台支座垫石被挤压开裂。

（2）基于蠕滑体的空间特性，即蠕滑体下滑力在平面内分布形式为抛物线形，中部下滑力最大，两侧下滑力最小，提出了一种适于高铁蠕滑路基整治的新型拱弦式耦合抗滑结构；该结构中部围桩数量多并向两侧非线性减少，结构常规宽度为 16～20 m，加固宽度为 18～23 m，顶部由连系梁固结，可有针对性地应用至蠕滑整治中。

（3）新型耦合抗滑结构的耦合效应是充分发挥结构耦合效果的关键。该结构抗滑作用机理是：结构后部土体受到推力产生相对位移后在后排围桩间形成土拱，提供一定的抗滑力；变形较大的部分土体向结构内部挤压并压密土体，提高了结构内部土体的抗剪强度；推力在克服结构内部土抗力并产生相对位移后，在前部桩间形成土拱，使土体不能挤出抗滑结构；最终整个抗滑结构形成"三个围桩+两大土拱"的耦合抗滑结构，结构与内部土体共同承担后部土压力。

（4）得到各因素对结构耦合极限承载力的影响规律：随着围桩桩径的增大极限承载力值呈指数型增大，但增速逐渐放缓；随着围桩间距的增大，结构的极限承载力值呈下降趋势，桩间距为（3～5）d 时极限承载力值变化不明显；随着桩周土体黏聚力的增大，结构的极限承载力值呈线性增加；随着桩周土体内摩擦角的增大，极限承载力值呈指数型增加，且增速越来越快。

（5）提出了拱弦式耦合抗滑结构的理论计算方法。通过增加"虚桩"使抗滑结构变成规则排布的多排桩组合结构，然后基于刚架假设，根据顶部位移相等的原则分配桩顶部推力，并考虑结构内部桩-土效应对采用"刚架法"计算的前排桩体计算结果进行修正。结果表明，X1～X3 桩、J 桩可以直接采用"刚架法"进行计算，其余桩体则需考虑桩-土效应。

（6）结合动力计算、动三轴试验结果，针对工程实例开展了不同工况下路基累积沉降预测；拱弦式耦合抗滑结构施作后，在动荷载作用 200 万次时路基面最大累积沉降值为 3.23 mm，满足过渡段高铁路基变形的要求。

12.2 展　望

高铁路基病害整治有别于普通铁路路基，本书取得了一些研究结论，但许多问题仍需做进一步的研究。

（1）模型试验时囿于试验设备限制，采用的加载方式为静力加载，而列车动荷载作用与静力荷载作用存在一定的差异，今后还需开展动态试验分析。

（2）桩间土拱的发展规律是桩-土耦合作用发挥的关键，本书这方面的研究主要基于数值分析。由于桩间土拱效应研究对测试技术要求高，有必要开展此方面的深入试验研究。

（3）滑坡推力在各围桩间的分配问题是结构力学分析的关键问题，本书对这一问题所做的假设，今后仍需在现场实践中进一步验证。

（4）需要指出的是，本书针对高速铁路路基病害整治的研究还仅是个开端，提出的新型抗滑结构尚需在工程实践中不断检验、不断修正完善。

参考文献

［1］徐邦栋. 滑坡分析与防治[M]. 北京：中国铁道出版社，2001.

［2］郑明新，孔祥营，刘伟宏. 新型抗滑结构围桩-土的耦合效应分析[J]. 岩土力学，2013，34（6）：1709-1715.

［3］徐典. 耦合式抗滑桩模型试验及设计方法研究[D]. 南昌：华东交通大学土木建筑学院，2009.

［4］刘伟宏. 围桩-土耦合式抗滑结构工作机理研究[D]. 南昌：华东交通大学土木建筑学院，2012.

［5］ITO T，MATSUI T，HONG W P. Design method for the stability analysis of the slope with landing pier[J]. Soils and Foundations，1979，19（4）：43-57.

［6］ITO T，MATSUI T，HONG W P. Design method for stabilizing piles against landslide: one row of piles[J]. Soils and Foundations，1981，21（1）：21-37.

［7］ITO T，MATSUI T，HONG W P. Extended design method for multi-row stabilizing piles against landslide[J]. Soils and Foundations，1982，22（1）：1-13.

［8］沈珠江. 散粒体对柱体的绕流压力及其在计算桩对岸坡稳定的遮帘作用中的应用[R]. 北京：南京水利科学研究所，1961.

［9］沈珠江. 桩的抗滑阻力和抗滑桩的极限设计[J]. 岩土工程学报,1992,14(1):51-56.

［10］李国豪. 桥梁与结构理论研究[M]. 上海：上海科学技术文献出版社，1983.

［11］励国良. 关于抗滑桩计算的一个建议[C]//滑坡文集：第六集. 北京：中国铁道出版社，1988.

［12］励国良. 锚索抗滑桩与滑坡相互作用的计算[C]//滑坡文集：第八集. 北京：中国铁道出版社，1991.

［13］张友良，冯夏庭，范建海，等. 抗滑桩与滑坡体相互作用的研究[J].岩石力学与工程学报，2002，21（6）：839-842.

［14］杨旌，胡岱文，张永涛. 桩土共同作用机理的初步试验研究[J].地下空间，2004，24（3）:346-349.

［15］陶波，俚磊，五法权，等. 抗滑桩与周围岩土体间相互作用力的分布规律[J].吉林大学学报（地球科学版），2005，35（2）：201-206.

[16] 刘小丽. 新型桩锚结构设计计算理论研究[D]. 成都：西南交通大学土木工程学院，2003.

[17] 刘静. 基于桩土共同作用下的抗滑桩的计算与应用研究[D]. 长沙：中南大学土木建筑学院，2007.

[18] TERZAGHI K. Theoretical Soil Mechanics[M].New York：John Wiley & Sons，1943.

[19] TERZAGHI K. Theoretical Soil Mechanics[M].4th ed. NewYork：John Wiley & Sons，1947.

[20] RICHARD L H. The arch in soil arching[J].Journal of Geotechnical Engineering，1985，111（3）：2302-2318.

[21] 肖世卫，刘成宇. 单排抗滑桩的合理桩间距[J]. 西南交通大学学报，1993，91（3）:64-69.

[22] 郑学鑫. 抗滑桩桩间土拱效应及其有限元模拟研究[D]. 南京：河海大学土木工程学院，2007.

[23] 王成华，陈永波，林立相. 抗滑桩间土拱力学特性与最大桩间距分析[J].山地学报，2001，199（6）：556-559.

[24] 冯君，吕和林，王成华. 普氏理论在确定抗滑桩间距中的应用[J].中国铁道科学，2003，24（6）：79-81.

[25] 周德培，肖世国，夏雄. 边坡工程中抗滑桩合理桩间距的探讨[J].岩土工程学报，2004，26（1）：132-135.

[26] 贾海莉，王成华，李江洪. 基于土拱效应的抗滑桩与护壁桩的桩间距分析[J].工程地质学报，2004，12（1）：98-103.

[27] 王乾坤. 抗滑桩的桩间土拱和临界间距的探讨[J]. 武汉理工大学学报，2005，27（8）:64-67.

[28] 蒋良潍，黄润秋，蒋忠信. 黏性土桩间土拱效应计算与桩间距分析[J].岩土力学，2006，26（3）：445-450.

[29] 赵明华，陈炳初，刘建华. 考虑土拱效应的抗滑桩合理桩间距分析[J].中南公路工程，2006，31（2）：1-3.

[30] 赵明华，廖彬彬，刘思思. 基于拱效应的边坡抗滑桩桩间距计算[J].岩土力学,2010，31（4）:1211-1216.

[31] 李邵军，陈静，练操. 边坡桩-土相互作用的土拱力学模型与桩间距问题[J]. 岩土力学，2010，31（5）：1352-1358.

[32] 刘金龙，王吉利，袁凡凡. 不同布置方式对双排抗滑桩土拱效应的影响[J].中国科学院研究生院学报，2010，23（5）：364-369.

[33] 姚元锋，赵晓彦. 抗滑桩桩间土拱效应试验方法的研究[J]. 路基工程，2010，12（2）:86-88.

[34] 冯君，周德培，江南，等. 微型桩体系加固顺层岩质边坡的内力计算模式[J]. 岩石力学与工程学报，2006，25（2）：284-288.

[35] AMHEST Mass, COYNE A G, CANOU J.Model Tests of Micropile Networks Applied to Slope Stabilization[C]//BALKEMA A A. Proceedings of the 14th International Conference on Soil Mechanics and Foundation Engineering. International Conference on Soil Mechanics and Foundation Engineering, 1997：1223-1226.

[36] 张玉芳. 京珠高速公路 K108 滑坡及防治工程分析[J]. 西南交通大学学报，2003，38（6）：633-638.

[37] 王树丰，门玉明. 滑坡灾害中微型桩连梁的作用[J]. 灾害学，2010，25（2）:45-48.

[38] 王树丰，殷跃平，门玉明. 黄土滑坡微型桩抗滑作用现场试验与数值模拟[J]. 2010，37（6）：22-26.

[39] 丁光文，王新.微型桩复合结构在滑坡整治中的应用[J]. 岩土工程技术 2004，18（1）：47-50.

[40] 肖维民. 微型桩结构体系抗滑机理研究[D]. 成都：西南交通大学土木工程学院，2008.

[41] 鲜飞. 微型桩组合结构模型试验研究[D]. 成都：西南交通大学土木工程学院，2010.

[42] 孙宏伟. 刚性帽梁微型桩组合结构内力分析[D]. 成都：西南交通大学土木工程学院，2010.

[43] 周德培. 微型桩组合抗滑结构及其设计理论[J]. 岩石力学与工程学报， 2009，28（7）：1353-1361.

[44] 孙厚超. 微型组合桩结构抗滑机理分析及设计方法[D]. 成都：成都理工大学环境与土木工程学院，2007.

[45] 孙书伟，朱本珍，马惠民，等. 微型桩群与普通抗滑桩抗滑特性的对比试验研究[J]. 岩土工程学报，2009，31（10）：1564-1570.

[46] 梁炯. 滑坡灾害防治技术微型桩群桩物理模拟试验[D]. 西安：长安大学地质工程和测绘学院，2010.

[47] 苏媛媛. 注浆微型钢管组合桩加固土质边坡模型试验研究[D]. 青岛：中国海洋大学环境科学与工程学院，2010.

[48] 戴自航. 抗滑桩滑坡推力和桩前滑体抗力分布规律的研究[J]. 岩石力学与工程学报，2002，21（4）：517-521.

[49] 丁光文. 微型桩处理滑坡的设计方法[J]. 西部探矿工程，2001，72（4）：15-17.

[50] 朱宝龙. 类软土滑坡工程特性及钢管压力注浆型抗滑挡墙的理论研究[D]. 成都：西南交通大学土木工程学院，2005.

[51] 熊治文. 深埋式抗滑桩的受力分布规律[J]. 中国铁道科学，2000，21（1）：48-51.

[52] 王恭先，徐峻龄，刘广代，等. 滑坡学与滑坡防治技术[M]. 中国铁道出版社，2004.

[53] 刘金砺. 桩基础设计与计算[M]. 北京：中国建筑工业出版社. 1990.

[54] 郑明新. 新型抗滑结构研究现状与发展趋势[J]. 华东交通大学学报，2019，36（5）：1-9.

[55] MUNTOHAR A S, LIAO H J. Analysis of rainfall-induced infinite slope failure during typhoon using a hydrological-geotechnical model[J]. Environmental Geology, 2009, 56(6): 1145-1159.

[56] CHO S E. Infiltration analysis to evaluate the surficial stability of two-layered slopes considering rainfall characteristics[J].Engineering Geology，2009，105（1）:32-43.

[57] LADE P V. The mechanics of surficial failure in soil slopes[J]. Engineering Geology，2010，114（1）: 57-64.

[58] SALCIARINI D, GODT J W, SAVAGE W Z, et al. Modeling landslide recurrence in Seattle, Washington, USA[J].Engineering Geology, 2008, 102(3): 227-237.

[59] SANTOSO A M, PHOON K K, Quek S T. Effects of soil spatial variability on rainfall-induced landslides[J]. Computers & Structures，2011, 89(11): 893-900.

[60] 黄润秋，戚国庆. 非饱和渗流基质吸力对边坡稳定性的影响[J]. 工程地质学报，2002，10（4）：343-348.

[61] 朱文彬，刘宝琛. 降雨条件下土体滑坡的有限元数值分析[J]. 岩石力学与工程学报，2002，21（4）：509-512.

[62] 汪丁建，童龙云，邱岳峰. 降雨入渗条件下非饱和土朗肯土压力分析[J]. 岩土力学，2013（11）：3192-3196.

[63] 王叶娇，曹玲，徐永福. 降雨入渗下非饱和土边坡临界稳定性分析[J]. 长江科学院院报，2013，30（9）:75-79.

[64] 周永强，盛谦. 库水位变化和降雨作用下付家坪子高陡滑坡稳定性研究[J]. 长江科学院院报，2014，31（2）:57-61.

[65] LEE L M, KASSIM, AZMAN, et al. Performances of two instrumented laboratory models for the study of rainfall infiltration into unsaturated soils[J]. Engineering Geology, 2011, 117(1)：78-89.

[66] 胡明鉴，汪稔，孟庆山，等. 坡面松散砾石土侵蚀过程及其特征研究[J]. 岩土力学，

2005，26（11）：1722-1726.

[67] 王继华. 降雨入渗条件下土坡水土作用机理及其稳定性分析与预测预报研究[D].
长沙：中南大学，2006.

[68] 简文星,许强,童龙云. 三峡库区黄土坡滑坡降雨入渗模型研究[J]. 岩土力学,2013
（12）：3527-3548.

[69] 李龙起，罗书学，王运超. 不同降雨条件下顺层边坡力学响应模型试验研究[J]. 岩
石力学与工程学报，2014，33（4）：755-762.

[70] 邢小弟，张磊，谈叶飞，等. 降雨入渗过程中土质边坡稳定性计算[J]. 水利水运工
程学报，2014（3）：98-103.

[71] 詹良通，刘小川，泰培，等. 降雨诱发粉土边坡失稳的离心模型试验及雨强-历时
警戒曲线的验证[J]. 岩土工程学报，2014，36（10）：1784-1790.

[72] HU R, CHEN Y F. Modeling of coupled deformation, water flow and gas transport in
soil slopes subjected to rain infiltration[J]. Science China Technological Sciences,
2011, 54(10): 2561-2575.

[73] 姚海林，郑少河，陈守义. 考虑裂隙及雨水入渗影响的膨胀土边坡稳定性分析[J].
岩土工程学报，2001，23（5）：606-609.

[74] 张我华，陈合龙，陈云敏. 降雨裂缝渗透影响下山体边坡失稳灾变分析[J]. 浙江大
学学报（工学版），2007，41（9）：1429-1435.

[75] 黄茂松，王浩然，刘怡林. 基于转动-平动组合破坏机构的含软弱夹层土坡降雨入
渗稳定上限分析[J]. 岩土工程学报，2012，34（9）：1561-1567.

[76] 付宏渊，史振宁，曾铃. 降雨条件下坡积土边坡暂态饱和区形成机理及分布规律[J].
土木建筑与环境工程，2017（02）：1-10.

[77] 付宏渊，曾铃，王桂尧，等. 降雨入渗条件下软岩边坡稳定性分析[J]. 岩土力学,
2012，33（8）：2359-2365.

[78] 李海亮，黄润秋，吴礼舟，等. 非均质土坡降雨入渗的耦合过程及稳定性分析[J].
水文地质工程地质，2013，40（4）：70-76.

[79] 孔郁斐，宋二祥，杨军，等. 降雨入渗对非饱和土边坡稳定性的影响[J]. 土木建筑
与环境工程，2013，35（6）：16-21.

[80] 陈芳，田凯.降雨入渗作用下土质斜坡稳定性的数值分析[J]. 长江科学院院报，
2013，30（12）：69-73.

[81] 张磊，张璐璐，程演，等. 考虑潜蚀影响的降雨入渗边坡稳定性分析[J]. 岩土工程
学报，2014，36（9）：1680-1687.

[82] 刘鸿，杨涛. 考虑雾化雨条件下边坡的稳定性分析[J].长江科学院院报，2014，31

（2）：47-52.

[83] ZHNG Xing. Three-dimensional stability analysis of concave slopes in plan view[J].Journal of Geotechnical Engineering, 1988, 114(6): 658-671.

[84] HUANG C C, Tsai C C. New Method for 3D and Asymmetrical Slope Stability Analysis[J].Journal of Geotechnical & Geoenvironmental Engineering，2000，126（10）:917-927.

[85] CHANG M. A 3D slope stability analysis method assuming parallel lines of intersection and differential straining of block contacts[J].Canadian Geotechnical Journal, 2002, 39(4): 799-811.

[86] ZHENG H. A three-dimensional rigorous method for stability analysis of landslides[J]. Engineering Geology, 2012, 145-146(30): 30-40.

[87] DENG D P, ZHAO L H, LI L. Limit equilibrium slope stability analysis using the nonlinear strength failure criterion[J].Canadian Geotechnical Journal, 2015, 52(5): 150-113.

[88] DENG D P, LIANG L, WANG J F, et al. Limit equilibrium method for rock slope stability analysis by using the Generalized Hoek-Brown criterion[J]. International Journal of Rock Mechanics & Mining Sciences, 2016, 89: 176-184.

[89] JIANG Q, ZHOU C B. A rigorous method for three-dimensional asymmetrical slope stability analysis[J].Canadian Geotechnical Journal, 2018, 55(4): 10. 11391.

[90] ZHOU H, GANG Z, YANG X, et al. Displacement of Pile-Reinforced Slopes with a Weak Layer Subjected to Seismic Loads[J]. Mathematical Problems in Engineering，2016, 2016:1-10.

[91] 陈祖煜. 土质边坡稳定分析[M]. 北京：中国水利水电出版社，2003.

[92] 杜建成，黄大寿，胡定. 边坡稳定的三维极限平衡分析法[J]. 四川大学学报（工程科学版），2001，33（4）：9-12.

[93] 谢谟文，江崎哲郎，周国云，等. 基于 GIS 空间数据库的三维边坡稳定性分析[J]. 岩石力学与工程学报，2002，21（10）：1494-1499.

[94] 张均锋. 三维简化 Janbu 法分析边坡稳定性的扩展[J]. 岩石力学与工程学报，2004，23（17）：2876-2881.

[95] 李同录，王艳霞，邓宏科. 一种改进的三维边坡稳定性分析方法[J]. 岩土工程学报，2003，25（5）：611-614.

[96] 张常亮，李同录，李萍，等. 边坡三维极限平衡法的通用形式[J]. 工程地质学报，2008，16（1）：70-75.

[97] 陈昌富，朱剑锋.基于 Morgenstern-Price 法边坡三维稳定性分析[J]. 岩石力学与工程学报，2010，29（7）：1473-1480.

[98] MICHALOWSKI R L. Limit Analysis and Stability Charts for 3D Slope Failures[J]. Journal of Geotechnical & Geoenvironmental Engineering, 2010, 136(4): 583-593.

[99] FARZANEH O, ASKARI F, GANJIAN N. Three-Dimensional Stability Analysis of Convex Slopes in Plan View[J].Journal of Geotechnical & Geoenvironmental Engineering, 2008, 134(8): 1192-1200.

[100] CHEN Z, WANG X, HABERFIELD C, et al. A three-dimensional slope stability analysis method using the upper bound theorem: Part I: theory and methods[J]. International Journal of Rock Mechanics & Mining Sciences，2001, 38(3): 369-378.

[101] Nian T K, JIANG J C, WANG F W, et al. Seismic stability analysis of slope reinforced with a row of piles[J]. Soil Dynamics & Earthquake Engineering，2016，84:83-93.

[102] GAO Y F, YANG S, ZHANG F, et al. Three-dimensional reinforced slopes: Evaluation of required reinforcement strength and embedment length using limit analysis[J].Geotextiles & Geomembranes, 2016, 44(2): 133-142.

[103] RAO P, ZHAO L, CHEN Q, et al. Limit analysis approach for accessing stability of three-dimensional (3-D) slopes reinforced with piles[J]. Marine Georesources & Geotechnology, 2017, 35(7): 978-985.

[104] 张志伟，邓荣贵. 弧形间隔排桩-桩顶拱梁空间抗滑结构理论研究[J]. 岩土力学，2013，34（12）：3403-3409；3430.

[105] 王辉. 拱形抗滑桩墙结构体系工作性能试验研究[D]. 西安：长安大学，2011.

[106] 胡田飞. 微型桩-锚组合新结构的抗滑机理研究[D]. 北京：中国铁道科学研究院，2014.

[107] 胡田飞，杜升涛，梁龙龙. 微型桩-锚组合抗滑新结构支挡效果的数值分析[J]. 防灾减灾工程学报，2015，35（2）：212-218.

[108] 胡田飞，梁龙龙，朱本珍. 微型桩-锚组合新结构抗滑特性的数值分析[J]. 地下空间与工程学报，2016，12（5）：1410-1416.

[109] 胡田飞，朱本珍，刘建坤，等. 预应力锚索对微型桩结构抗滑性能影响的试验研究[J]. 中国铁道科学，2017（3）：10-18 .

[110] 薛鹏鹏，郑俊杰，曹文昭，等. 加筋土挡墙-抗滑桩组合支挡结构数值模拟[J]. 长江科学院院报，2017，34（2）：75-79.

[111] 曹文昭，郑俊杰，薛鹏鹏. 抗滑桩-加筋土挡墙组合支挡结构开发[J].中南大学

学报（自然科学版），2019，50（1）：118-129.

[112] 李星. 抗滑桩-拱形系板-挡土墙组合结构治理滑坡计算方法研究[D]. 成都：西南交通大学，2017.

[113] 彭瑜，陈洪凯.梯形断面竖向预应力锚索抗滑桩桩间距研究[J]. 水利水电技术，2018，49（6）：185-190.

[114] 陈洪凯，赵春红. 梯形断面竖向预应力锚索抗滑桩优化设计方法研究[J].重庆交通大学学报（自然科学版），2016，35（2）：54-59；125.

[115] 朱永波. 系梁型抗滑桩加固滑坡机理及计算方法研究[D]. 成都：西南交通大学，2016.

[116] 屈俊童，吴绍山，许展峰，等. 考虑土拱效应的斜插式桩板墙合理板间距研究[J]. 建筑科学与工程学报，2018，35（6）：111-117.

[117] 屈俊童,胡文斌. 斜插桩板墙在工程应用中的问题研究[J]. 佳木斯大学学报(自然科学版)，2019，37（3）：347-349.

[118] 字晓雷，屈俊童，段自侠，等. 斜插式桩板墙力学性能试验研究[J]. 路基工程，2019（1）：76-79.

[119] 白皓. 椅式桩板墙受力机制与设计计算方法研究[D]. 成都：西南交通大学，2013.

[120] 白皓，杨智翔，梁栋，等. 横向荷载下椅式桩板墙模型试验研究[J]. 工业建筑，2018，48（9）：111-116；175.

[121] 孙书伟，朱本珍，谭冬生. 微型桩在路堑边坡加固中的应用及机理分析[J].铁道工程学报，2017（3）：6-10；28.

[122] 唐东峰. 无砟轨道路基动力参数反求与过渡段优化设计研究[D]. 湘潭：湘潭大学，2016.

[123] 胡国平. 基于高铁路基蠕滑特性的新型耦合抗滑结构研究[D]. 南昌：华东交通大学，2019.

[124] 屈畅姿，魏丽敏，王永和，等. 运营前后高速铁路短间距路涵过渡段振动特性测试研究[J]. 铁道学报，2017（10）：118-125.

[125] 蒋红光. 高速铁路板式轨道结构-路基动力相互作用及累积沉降研究[D]. 杭州：浙江大学，2014.

[126] 黄博，丁浩，陈云敏. 高速列车荷载作用的动三轴试验模拟[J].岩土工程学报，2011，33（2）：195-202.